首饰设计与工艺系列丛书

# 玉石雕刻工艺


岳建光　韩欣然　著
滕　菲　主审
刘　骁　主编

人民邮电出版社
北京

**图书在版编目（ＣＩＰ）数据**

玉石雕刻工艺 / 岳建光，韩欣然著 ; 刘骁主编. --
北京 : 人民邮电出版社，2023.4（2024.7重印）
（首饰设计与工艺系列丛书）
ISBN 978-7-115-60815-4

Ⅰ. ①玉… Ⅱ. ①岳… ②韩… ③刘… Ⅲ. ①玉石—
首饰—雕刻 Ⅳ. ①TS934.3

中国国家版本馆CIP数据核字(2023)第024486号

## 内 容 提 要

国民经济的快速发展和人民生活水平的提高不断激发国民对珠宝首饰消费的热情，人们对饰品的审美、情感与精神需求也在日益提升。近些年，新的商业与营销模式不断涌现，在这样的趋势下，对首饰设计师能力与素质的要求越来越全面，不仅要具备设计和制作某件具体产品的能力，同时也要求具有创新性、整体性的思维与系统性的工作方法，以满足不同商业的消费及情境体验的受众需求，为此我们策划了这套《首饰设计与工艺系列丛书》。

本书是关于玉雕工艺方法的图书。全书分为9章。第1章是对玉石发展的概述内容；第2章介绍了玉雕常用设备与工具；第3章和第4章则讲解了玉雕工艺流程及雕刻技法；第5章为大家归纳了玉雕作品的美学规律；第6章则强调了玉石材质对设计的影响；第7章讲解了玉雕作品呈现的表现手法；第8章和第9章通过对玉雕艺术流派作品和当代玉雕作品的赏析，为玉石设计师提供创作方向。

本书结构安排合理，内容翔实丰富，具有较强的针对性与实践性，不仅适合首饰设计初学者、各大首饰类院校学生及具有一定经验的首饰设计师阅读，也可帮助他们巩固与提升自身的设计创新能力。

◆ 著　　　　岳建光　韩欣然
主　　审　滕　菲
主　　编　刘　骁
责任编辑　王　铁
责任印制　周昇亮

◆ 人民邮电出版社出版发行　　北京市丰台区成寿寺路 11 号
邮编　100164　　电子邮件　315@ptpress.com.cn
网址　https://www.ptpress.com.cn
涿州市般润文化传播有限公司印刷

◆ 开本：787×1092　1/16
印张：9　　　　　　2023 年 4 月第 1 版
字数：230 千字　　　2024 年 7 月河北第 2 次印刷

定价：89.00 元

读者服务热线：(010) 81055296　印装质量热线：(010) 81055316
反盗版热线：(010) 81055315
广告经营许可证：京东市监广登字 20170147 号

# 丛书编委会

# 丛书专家委员会

# 推荐序 I

## 开枝散叶又一春

辛丑年的冬天，我收到《首饰设计与工艺系列丛书》主编刘骁老师的邀约，为丛书做主审并作序。抱着学习的态度，我欣然答应了。拿到第一批即将出版的4本书稿和其他后续将要出版的相关资料，发现从主编到每本书的著者大多是自己这些年教过的已毕业的学生，这令我倍感欣喜和欣慰。面对眼前的这一切，我任思绪游弋，回望二十几年来中央美术学院首饰设计专业的创建和教学不断深化发展的情境。

我们从观察自然，到关照内里，觉知初心；从视觉、触觉、身体对材料材质的深入体悟，去提升对材质的敏感性与审美能力；在中外首饰发展演绎的历史长河里，去传承精髓，吸纳养分，体味时空转换的不确定性；我们到不同民族地域文化中去探究首饰文化与艺术创造的多元可能性；鼓励学生学会质疑，具有独立的思辨能力和批判精神；输出关注社会、关切人文与科技并举的理念，立足可持续发展之道，与万物和谐相依，让首饰不仅具备装点的功效，更要带给人心灵的体验，成为每个个体精神生活的一部分，以提升人类生活的品质。我一直以为，无论是一枚小小的胸针还是一座庞大博物馆的设计与构建，都会因做事的人不同，而导致事物的过程与结果的不同，万事的得失成败都取决于做事之人。所以在我的教学理念中，培养人与教授技能需两者并重，不失偏颇，而其中对人整体素养的培养是重中之重，这其中包含了人的德行，热爱专业的精神，有独特而强悍的思辨及技艺作支撑，但凡具备这些基本要点，就能打好一个专业人的根基。

好书出自好作者。刘骁作为《首饰设计与工艺系列丛书》的主编，很好地构建了珠宝首饰所关联的自然科学、社会科学与人文科学，汇集彼此迥异而又丰富的知识理论、研究方法和学科基础，形成以首饰相关工艺为基础、艺术与设计思维为导向，在商业和艺术语境下的首饰设计与创作方法为路径的教学框架。

该丛书是一套从入门到专业的实训类图书。每本图书的著者都具有首饰艺术与设计的亲身实践经历，能够引领读者进入他们的专业世界。一枚小首饰，展开后却可以是个大世界，创想、绘图、雕蜡、金工、镶嵌……都可以引入令人神往的境地，以激发读者满怀激情地去阅读与学习。在这个过程中，我们会与“硬数据”——可看可摸到的材料技艺和“软价值”——无从触及的思辨层面相遇，其中创意方法的传授应归结于思辨层面的引导与开启，借恰当的转译方式或优秀的案例助力启迪，这对创意能力的培养是行之有效的方法。用心细读可以看到，丛书中许多案例都是获得国内外专业大奖的优秀作品，他们不只是给出一个作品结果，更重要和有价值的，还在于把创作者的思辨与实践过程完美地呈现给了读者。读者从中可以了解到一件作品落地之前，每个节点变化由来的逻辑，这通常是一件好作品生成不可或缺的治学态度和实践过程，也是成就佳作的必由之路。本套丛书的主编刘骁老师和各位专著作者，是一批集教学与个人实践于一体的优秀青年专业人才，具有开放的胸襟与扎实的根基。他们在专业上，无论是为国内外各类知名品牌做项目设计总监，还是在探究颇具前瞻性的实验课题，抑或是专注社会的公益事业上，都充分展示出很强的文化传承性，融汇中西且转化自如。本套丛书对首饰设计与制作的常用或主要技能和工艺做了独立的编排，之于读者来讲是很难得的，能够完整深入地了解相关专业；之于我而言则还有另一个收获，那就是看到一批年轻优秀的专业人成长了起来，他们在我们的《十年·有声》之后的又一个十年里开枝散叶，各显神采。

党的二十大以来，提出了“实施科教兴国战略，强化现代化建设人才支撑”，我们要坚持为党育人，为国育才，“教育就像培植树苗，要不断修枝剪叶，即便有阳光、水分、良好的氛围，面对盘根错节、貌似昌盛的假象，要舍得修正，才能根深叶茂长成参天大树，修得正果。”[注] 由衷期待每一位热爱首饰艺术的读者能从书中获得滋养，感受生动鲜活的人生，一同开枝散叶，喜迎又一春。

辛丑年冬月初八

注：滕菲：《十年·有声——中央美术学院与国际当代首饰》，中国纺织出版社，2012，第14页

# 推荐序II

随着国民经济的快速发展，人民物质生活水平日益提高，大众对珠宝首饰的消费热情不断提升，人们不仅仅是为了保值与收藏，同时也对相关的艺术与文化更加感兴趣。越来越多的人希望通过亲身的设计和制作来抒发情感，创造具有个人风格的首饰艺术作品，或是以此为出发点形成商业化的产品与品牌，投身万众创业的新浪潮之中。

《首饰设计与工艺系列丛书》希望通过传播和普及首饰艺术设计与工艺相关的知识理论与实践经验，产生一定的社会效益：一是读者通过该系列丛书对首饰艺术文化有一定的了解和鉴赏，亲身体验设计创作首饰的乐趣，充实精神文化生活，这有益于身心健康和提升幸福感；二是以首饰艺术设计为切入点探索社会主义精神文明建设中社会美育的具体路径，促进社会和谐发展；三是以首饰设计制作的行业特点助力大众创业、万众创新的新浪潮，协同构建人人创新的社会新态势，在创造物质财富的过程中同时实现精神追求。

党的二十大报告指出“教育是国之大计、党之大计。培养什么人、怎样培养人、为谁培养人是教育的根本问题。”首饰艺术设计的普及和传播则是社会美育具体路径的探索。论语中“兴于诗，立于礼，成于乐”强调审美教育对于人格培养的作用，蔡元培先生曾倡导“美育是最重要、最基础的人生观教育”。 首饰是穿戴的艺术，是生活的艺术。随着科技、经济的发展，社会消费水平的提升，首饰艺术理念日益深入人心，用于进行首饰创作的材料日益丰富和普及，为首饰进入人们的日常生活奠定了基础。人们可以通过佩戴、鉴赏、消费、收藏甚至亲手制作首饰参与审美活动，抒发情感，陶冶情操，得到美的享受，在优秀的首饰作品中形成享受艺术和文化的日常生活习惯，培养高品位的精神追求，在高雅艺术中宣泄表达，培养积极向上的生活态度。

人们在首饰设计制作实践中培养创造美和实现美的能力。首饰艺术设计是培养一个人观察力、感受力、想象力与创造力的有效方式，人们在家中就能展开独立的设计和制作工作，通过学习首饰制作工艺技术，把制作首饰当作工作学习之余的休闲方式，将所见所思所感通过制作的方式表达出来。在制作过程中专注于一处，体会“匠人”精神，在亲身体验中感受材料的多种美感与艺术潜力，在创作中找到乐趣、充实内心，又外化为可见的艺术欣赏。首饰是生活的艺术，具有良好艺术品位的首饰能够自然而然地将审美活动带入人们社会交往、生活休闲的情境中，起到滋养人心的作用。通过对首饰艺术文化的了解，人们可以掌握相关传统与习俗、时尚潮流，以及前沿科技在穿戴体验中的创新应用；同时它以鲜活和生动的姿态在历史长河中也折射出社会、经济、政治的某一方面，像水面泛起的粼粼波光，展现独特魅力。

首饰艺术设计的传播和普及有利于促进社会创业创新事业发展。创新不仅指的是技术、管理、流程、营销方面的创新，通过文化艺术的赋能给原有资源带来新价值的经营活动同样是创新。当前中国经济发展正处于新旧动能转换的关键期，“人人创新”，本质上是知识社会条件下创新民主化的实现。随着互联网、物联网、智能计算等数字技术所带来的知识获取和互动的便利，创业创新不再是少数人的专利，而是多数人的机会，他们既是需求者也是创新者，是拥有人文情怀的社会创新者。

随着相关工艺设备愈发向小型化、便捷化、家庭化发展，首饰制作的即时性、灵活性等优势更加突显。个人或多人小型工作空间能够灵活搭建，手工艺工具与小型机械化、数字化设备，如小型车床、3D 打印机等综合运用，操作更为便利，我们可以预见到一种更灵活的多元化“手工艺”形态的显现——并非回归于旧的技术，而是充分利用今日与未来技术所提供的潜能，回归于小规模的、个性化的工作，越来越多的生产活动将由个人、匠师所承担，与工业化大规模生产相互渗透、支撑与补充，创造力的碰撞将是巨大的，每一个个体都会实现多样化发展。同时，随着首饰的内涵与外延的不断深化和扩大，首饰的类型与市场也越来越细分与精准，除了传统中大型企业经营的高级珠宝、品牌连锁，也有个人创作的艺术首饰与定制。新的渠道与营销模式不断涌现，从线下的买手店、“快闪店”、创意市集、首饰艺廊，到网店、众筹、直播、社群营销等，愈发细分的市场与渠道，让差异化、个性化的体验与需求在日益丰富的工艺技术支持下释放出巨大能量和潜力。

本套丛书是在此目标和需求下应运而生的从入门到专业的实训类图书。丛书中有丰富的首饰制作实操所需各类工艺的讲授，如金工工艺、宝石镶嵌工艺、雕蜡工艺、珐琅工艺、玉石雕刻工艺等，囊括了首饰艺术设计相关的主要材料、工艺与技术，同时也包含首饰设计与创意方法的训练，以及首饰设计相关视觉表达所需的技法训练，如手绘效果图表达和计算机三维建模及渲染效果图，分别涉猎不同工具软件和操作技巧。本套丛书尝试在已有首饰及相关领域挖掘新认识、新产品、新意义，拓展并夯实首饰的内涵与外延，培养相关领域人才的复合型能力，以满足首饰相关的领域已经到来或即将面临的复杂状况和挑战。

本套丛书邀请了目前国内多所院校首饰专业教师与学术骨干作为主笔，如中央美术学院、清华大学美术学院、中国地质大学、北京服装学院、湖北美术学院等，他们有着深厚的艺术人文素养，掌握切实有效的教学方法，同时也具有丰富的实践经验，深耕相关行业多年，以跨学科思维及全球化的视野洞悉珠宝行业本身的机遇与挑战，对行业未来发展有独到见解。

青年强，则国家强。当代中国青年生逢其时，施展才干的舞台无比广阔，实现梦想的前景无比光明。希望本套丛书的编写不仅能丰富对首饰艺术有志趣的读者朋友们的艺术文化生活，同时也能促进高校素质教育相关课程的建设，为社会主义精神文明建设提供新方向和新路径。

刘骁

记于北京后沙峪寓所

2021 年 12 月 15 日

# 序言

PREFACE

玉器雕刻传承数千年，玉雕工艺具有因料施艺、废料巧作、剜脏去绺、化瑕为瑜、俏用巧色、镂空透雕等特点，岳建光、韩欣然作为玉雕领域学者，在本书中分享了玉雕工艺的奥秘。

本书从玉石发展开始，带领读者认识历史中玉雕作品的变化，同时注重玉雕基础知识的讲解，介绍了玉雕行业的技法和工具，使读者深入了解不同玉料的特点，并通过图文结合的方式详细阐述了玉雕制作工艺，从美学的角度给广大玉雕爱好者打开了一扇通往玉雕工艺的大门。

本书作者岳建光、韩欣然分享了他们写作此书的目的："在分解工艺过程中，通过浅显易懂的图文来讲述玉雕工艺，为玉石雕刻爱好者提供一本兼具实用性和指导性的玉雕书。以美学为原理、工艺为导向，与读者一起创造玉石雕刻的未来。"

玉雕工艺是一门具有庞大内容结构与实践导向的应用学科，而当代玉雕就是一种艺术创新。与其他艺术一样，玉雕要求创作者具有较强的学科功底与整合能力，没有各位亲朋好友的帮助，本书不可能完成，现一并致谢。

首先在此感谢本套丛书的发起者，中央美术学院首饰设计专业教研室主任刘骁老师在本书撰写过程中给予的激励与帮助。

其次，本书展示了大量玉雕大师创作的作品。遗憾的是，由于篇幅的问题，不能收集更多玉雕师的优秀作品。但有时遗憾也是一种美，这为日后新书的出版提供了可能。在此感谢蒋喜、邱启敬、于丰也、王国清、王朝阳、王朝杰、王少军、钱步辉、高人老师、水德堂、李腾、许延平、张凡、杨根连、马洪伟、张青兰、杨相象、钟灿文、卢葵、高松峰、曾堂贵、蒋红兵、郭清海、邱瑞坤、魏子欣、李安琪、王文君、林易翰、高伟、刘建钊、尚可欣、王雪蕾、肖军等玉雕大师的大力支持。本书所用案例均为各位玉雕大师的经典之作，凝聚着玉雕大师们的智慧与创新精华。

此外，还要感谢昆明冶金高等专科学校景媛国际珠宝学院院长杨景媛女士对本书的出版给予的大力支持。

最后，感谢为本书付出努力的幕后英雄——人民邮电出版社的诸位编辑，你们在封面设计、文字校对、文稿润色、出版安排等方面的工作给作者带来了巨大的帮助与启发。谢谢你们！

作者

2023 年 1 月

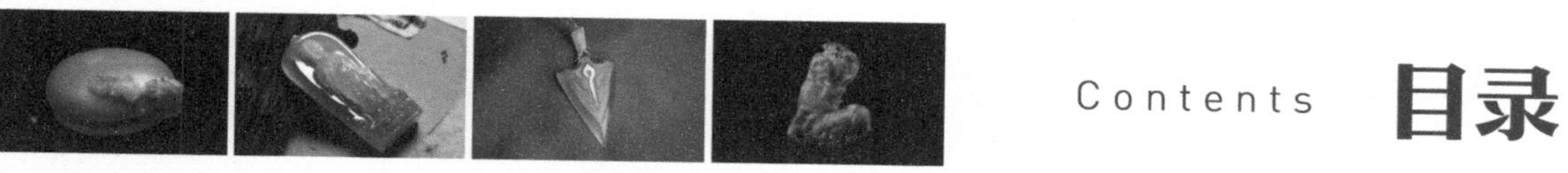
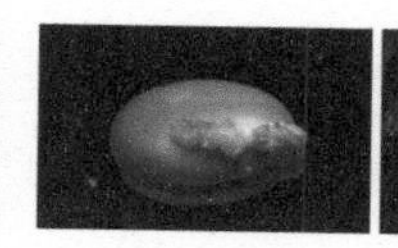

Contents 目录

## 第1章 玉石发展概述

CHAPTER 01



## 第2章 玉雕常用设备和工具

CHAPTER 02



## 第3章 玉雕工艺流程详解

CHAPTER 03



## 第4章 玉雕工艺

CHAPTER 04

# 第1章

# 玉石发展概述

CHAPTER 01

玉石的发展归根结底是人与玉石的亲密关系所致：地表除了土壤、沙外，最多的就是石头了。地球上的一切生命，对自然都有依赖性和归属感，人类也不例外，在崇尚自然的同时，又受生存的限制和对自由的吸引。无论是对物质利益还是对精神世界的追求，石头都是一种合适的寄托，尤其是美丽的石头——玉石。

# 1.1 玉石与人

中国古代玉器，最早产生于距今已经有 7000 多年的新石器时代，它以丰富的造型、精美的图案、精湛的制作工艺，形成了独特的风格，是我国民族文化的重要组成部分，也是中华文明的一颗璀璨的明珠。在世界艺术发展史中，它也是独放光彩的奇迹。

中国人爱玉，也就是爱玉的特征。这也表现在审美上，表现在人的价值取向上。玉的突出特点是外润内韧，质地纯洁。在为人处世上，人也希望如玉一般，对人温厚有仁爱之心，有同情心，尊重他人而不失自己的原则，内心坚韧强大，既谦逊而又有原则。中国人在欣赏玉的过程中体味做人的道理，所以孔子说“君子无故，玉不去身”。

人在欣赏玉的过程中既陶冶了情志，又升华了品德，养玉兼养德，怡情且养志。人的品德好，与人交往使人愉悦，人也乐于与之交往。性格好而心胸开阔使他人快乐，自己也得到快乐。

# 1.2 玉石发展的不同阶段

中国古代玉器发展是以年代划分的，比如高古玉器、红山玉器、良渚玉器、春秋玉器、秦汉玉器等。

## ◆ 1.2.1 孕育期——新石器时代

新石器时代是指始于约 1 万年前，结束于 5000 年前至 2000 年前的历史时期。在新石器时代早期，古人经过长期的探索，总结出了玉器与石器的区别。在这一时期，玉器开始与石器区别开来，这拉开了中国玉文化的序幕。我国新石器时代出土和收藏的玉器分布不均，一般来说，主要集中在东北的辽河流域、中部的黄河流域和南部的长江流域。

从材料上看，岫岩玉在辽河流域常见，绿松石、秀玉、透闪石、阳起石在黄河流域常见，是出土玉器的主要材料。

从造型上看，辽河流域出土的马蹄圈、云状、圆形、动物形器物最具地域特色，且大多具有写实风格；长江流域出土的大量玉璧、玉璜表现出抽象的艺术风格；黄河中游出土的玉器多为环、璜、管、珠、琮和璧等，具有抽象艺术的特征。玉器外形以片状为主，体积小。在装饰方面，它是朴素的，几乎没有装饰。

从功能上看，新石器时代各个地区出土的玉器按功能主要分为生产工具、装饰品和礼器，整体功能主要是象征财富或权力，如图 1-1 至图 1-5 所示。

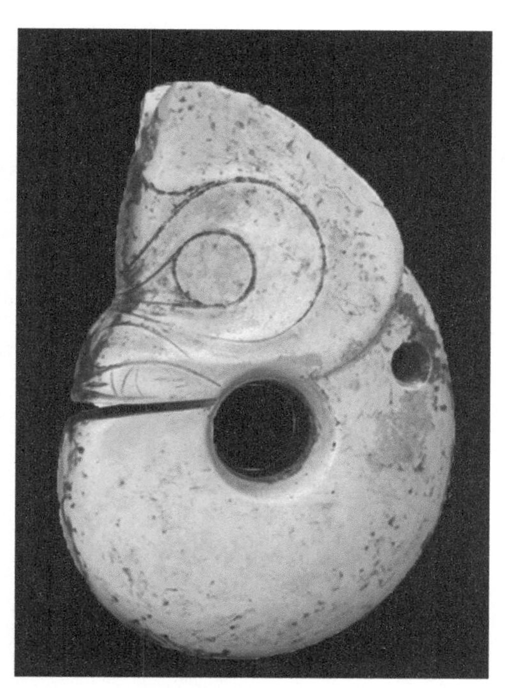
图 1-1 辽河流域红山文化玉猪龙

图 1-2 辽河流域红山文化勾云形玉佩

图 1-4 长江流域石家河文化玉虎兽

图 1-3 黄河流域齐家文化四孔玉刀

图 1-5 长江流域良渚文化玉琮

## ◆ 1.2.2 成长期——夏商周时期

在继承原始社会玉器主要成就的基础上，夏商周时期的玉器在艺术特色上有所创新和发展。在玉器的制作中，使用象征手法可以突出玉的魅力，使玉更具观赏性和装饰性。崇尚自然、追求现实、富有流畅美的时代风格在商周时期的玉器中得到了充分的体现。

此时，原始社会玉器分南北两系的现象已经消失。三代（夏、商、周）玉器已不分南北，艺术特色经过长时间的磨合，逐渐统一，取而代之的是富有商周象征主义艺术特色的创作方法，其融合了不同朝代、不同地域的玉器艺术成就，并逐渐发展完善。中国玉文化具有继承性和统一性，夏商周时期的玉文化的一个重要特征是逐渐形成了统一的礼玉文化风格。

### 夏

夏朝是中国历史上第一个奴隶制王朝。从目前出土的玉器来看，夏朝的玉器主要有玉琮、玉璋、玉圭等，装饰品有玉珠、玉镯、玉管、兽面纹牌饰等，军事用器有玉戈、玉刀、玉钺等，生产工具有玉铲、玉斧等。

这一时期玉器的造型以方形为主，如玉琮、玉圭、玉刀、玉斧，大多光素、无纹饰，如图 1-6 所示。

这一时期的玉器出现了柄形纹饰，开创了商周晚期玉器的先河。在纹饰方面，主要有直线纹、云雷纹、兽面纹、斜格纹等，是新石器时代玉文化的延续。与新石器时代相比，夏朝的玉器加工技术有了很大的进步，人们开始使用金属工具与正规的技术加工玉器。与新石器时代玉器的阴线图案相比，夏朝的玉器在形式美方面有了很大的进步，为后世的阴线纹工艺技术打下了基础，如图 1-7 和图 1-8 所示。

图 1-6 新石器晚期 · 安徽薛家岗文化玉琮

图 1-7 夏 · 嵌绿松石饕餮纹铜牌饰

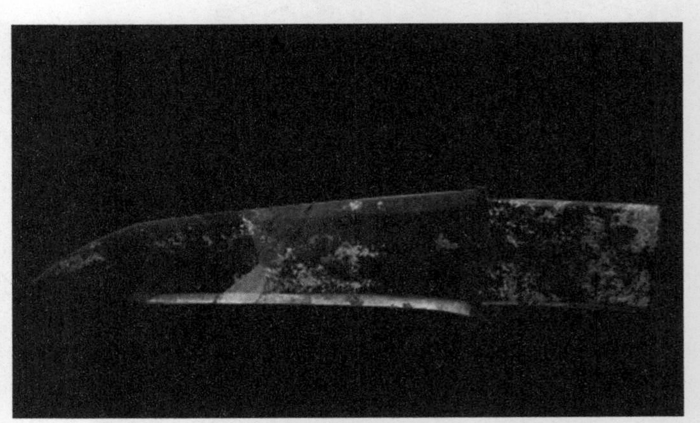

图 1-8 夏 · 玉钺

## 商

公元前 1600 年，商汤灭夏，建立了商朝。与夏朝相比，商朝在政治、经济、军事、文化等方面都有所发展，文明程度大大提升，玉器制造业蓬勃发展。

商朝玉器种类繁多，大致可分为礼器玉器、仪仗玉器、纹饰玉器、工具玉器等。商朝是礼制初具规模的时期。此时的礼玉具有鲜明的王权特征和等级特征，主要有玉璧、玉琮、玉璋、玉圭、玉璜等。玉簋是一种新的礼玉，也是一种食器，如图 1-9 所示。

图 1-9 商 · 双耳玉簋

殷墟妇好墓出土的玉簋是用和田玉制成的。它们形状规则，表面光滑，上面有饕餮纹、云纹、月纹、雷纹等纹饰，图案明快简洁。在艺术特色上，商朝的礼玉雕刻已经达到了很高的艺术水平。装饰玉可分为两类：一类是专门用于装饰人们身体的玉器；另一类是装饰在各种器物上的玉器，包括条状玉器、柄状玉器、箍状玉器等。其中，玉梳是商朝玉器艺术创作与实际运用相结合的成功范例，为秦、汉时期玉器大规模进入社会生活奠定了基础。

从艺术特征上看，商朝玉器集中体现了人们对玉质的追求、对形制对称的追求及对装饰效果的追求。商朝的礼玉端庄典雅，玉雕饰物婉约华丽，图案惟妙惟肖。总体而言，它们具有优雅的魅力和独特的风格，如图 1-10 至图 1-12 所示。

图 1-10 商 · 玉梳

图 1-11 商 · 兽首饰玉璋

图 1-12 商 · 玉跪人

## 周

公元前 1046 年，周武王姬发伐纣灭商，建立了西周王朝，定都镐京（今陕西省西安市）。周成王继位后，开创了以血缘关系为基础的宗法制，建立了一套完整的政治、军事、经济、礼乐制度，实现了国家的政治稳定和社会经济的全面发展。在周成王至周穆王统治时期，西周进入全盛期，玉器在夏商玉的基础上取得了长足的发展。20 世纪 50 年代以来，从 2000 多座西周墓葬中出土玉器近万件，总量相当可观，并且玉质优良，种类齐全。西周时期的玉器可分为礼器类、装饰类、生产工具类等。

西周是玉器仪式化的时代。西周社会讲究礼仪，宗法制度严格。为了适应社会礼仪的需要，礼器类玉器的制作相对严格，包括玉璧、玉圭、玉璋、玉琥、玉璜、玉琮、玉钺等，玉圭璧组合则是一个创新品种。装饰类玉器有玉玦、玉环、玉珠、玉管、玉璇玑等，以几何形状为主。西周时期，生产工具类玉器的数量明显减少。西周玉器在玉质上仍保留着商朝玉器和田玉（透闪石质）的特点，但在色彩选择上比商朝更为广泛，主要有和田羊脂玉、白玉、青玉、碧玉、墨玉、黄玉等。西周时期，和田玉在玉器制作中的应用处于“小高潮期”，人们特别注重和田玉的特点和审美价值，即质色纯正、表里如一、温润坚韧。相关玉器如图 1-13 所示。

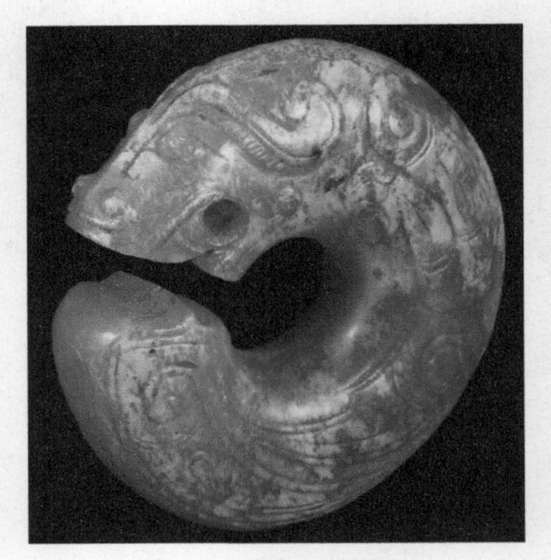

图 1-13 西周 · 玉龙纹玦

西周玉器的艺术特色主要体现在纹饰上。从纹饰上看，西周玉器的纹饰与商朝不同，朝着复杂化、图案化的方向发展。西周时期，人们常用双钩凹版来表现纹饰，使玉器显得更小。这就独创了“一面坡”粗线或细阴线镂刻的坡刀琢玉技术，使玉器更加精美，如图 1-14 所示。

图 1-14 虎纹玉璧

西周玉器中的线纹有两种：一种是单阴纹，线条简单，刀法刚健有力；另一种是双阴纹，线条复杂，刀法软硬兼备。西周晚期（周穆王时期）的玉器是甲骨文“自然雅致”的时期。周穆王治政开明，把国家管理得很好。特殊的历史文化背景使玉器的艺术风格发生了明显的变化，这主要体现在装饰线条上。玉器的双阴纹在早期保持了复杂的结构，线条变得更加卷曲、柔软、圆润、光滑，如图 1-15 所示。

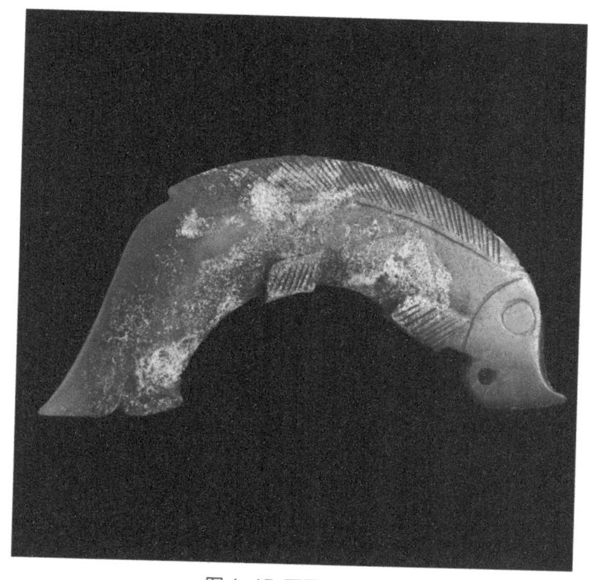
图 1-15 西周 · 玉鱼

西周玉器纹饰线条的形式美是中国玉器线条美的源头，清丽尔雅、回旋转折、卷曲流美，达到了玉器纹饰的曲线美与和田玉的柔美的统一。

夏、商、周是原始社会之后的 3 个奴隶制王朝，玉器在这些王朝的礼仪、祭祀、装饰、生产工具、艺术等方面占据了主要地位，并发挥了重要作用。我国考古发现的上万件高级三代玉器说明，在夏、商、周 3 个朝代的上千年里，我国的玉器得到了迅速发展，达到了新石器时代以来的又一个高峰。

## ◆ 1.2.3 转变期——春秋战国时期

春秋战国时期是中国古代社会格局发生重大变化的时期。国与国之间的纷争和新旧交替，促使诸侯国竞相发展地方文化和经济。中国玉器手工业发达，玉文化繁荣。随着社会生产力的发展，私学层出不穷，讲学风气越来越盛。诸子百家崇玉而纷纷宣扬“以玉比德”“玉不去身”之说，这促进了各国玉雕技术的发展。此时，玉器不仅是统治阶级独享的奢侈品，而且还显示出一定的普及性。从帝王将相到平民百姓，无不以玉为贵，玉器被广泛用于祭祀、装饰和丧葬等领域，如图 1-16 所示。

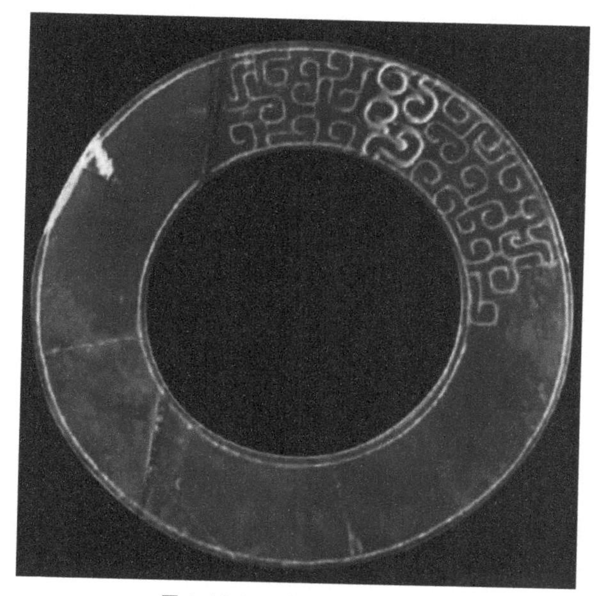
图 1-16 玉环 太原金胜村赵卿墓

春秋战国时期，玉器大致可分为礼器、装饰器、实用器、葬玉等。礼器包括璧、圭、璋、琮、璜等。此时，礼器的庄重感逐渐下降，装饰艺术价值逐渐上升。玉器的形制发生了很大的变化，玉圭、玉璋、玉琮逐渐减少，至战国晚期最终消失。玉璜、玉珏、玉玦则成为精美的配饰或串饰玉件。这一时期玉器最突出的特点是装饰品盛行，有玉梳、玉簪、镜架等。

春秋战国时期，玉器在创作理念、设计意图、工艺加工等方面都呈现出新的面貌，总体特征是精雕细琢、玲珑剔透、和田玉质的玉器增多、注意装饰审美的世俗化。这一时期的玉器纹饰也体现了时代特征，常见而重要的纹饰有谷纹、蝌蚪纹、云纹、蒲纹、龙纹、饕餮纹、螭纹、虺纹、雷纹等。春秋战国时期的玉器大多有纹饰，纹饰多见于全身，布局紧密对称、饱满和谐。这一时期，礼玉开始在造型上进行创新，如“虎鸟”“人龙”“龙凤”，凸显了融合性、写意性、装饰性和实用性的发展趋势。特别是神龙纹和龙形玉都有所创新，横 S 形造型取代了 C 形造型，更注重表现其动态，如图 1-17 所示。

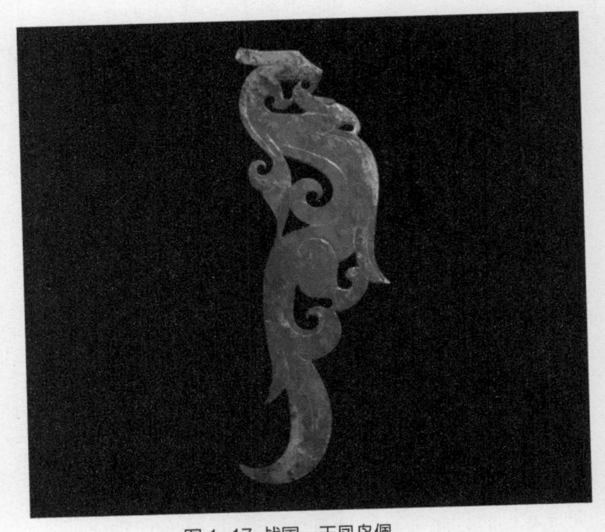

图 1-17 战国 · 玉凤鸟佩

春秋战国时期有许多上乘的玉器材料，如新疆的羊脂玉、蓝玉，以及少量颜色接近鹅黄的黄玉，如图 1-18 所示。

从春秋时期起，玉就被人格化为“德”。 儒家将玉的美德与君子和美德相提并论。“君子无故，玉不去身”已成为这一时期用玉制度的一个典型特征，如玉雕龙，在民间一般是神武、力量、卓越的象征，如图 1-19 所示。

图 1-18 春秋 · 蟠虺纹玉环

图 1-19 战国 · 龙形玉佩

## ◆ 1.2.4 发展期——秦汉时期

秦汉玉器在继承商周玉器纹饰的基础上，提高了造型能力，使玉器造型和纹饰生动有趣、娱乐性强。秦汉时期，成组佩玉、玉剑等装饰玉器仍是主要品种，并有了较大的发展。截至汉朝，玉器通称古玉，古玉时期是战国时期玉器发展的第一个阶段。

秦汉玉器除了大量用于佩戴外，还用作食具、酒器，但大多为贵族所用。在这一时期，玉器继续作为礼器使用，并被广泛用于仪式场合。另外，不容忽视的是，葬玉在经历了西周到战国时期的发展之后，在汉朝到达了一个高峰。

秦汉时期，礼制用玉仍是玉文化的重要载体之一；但是，与先秦时期相比，汉朝在礼玉方面继承了先秦时期的玉器制度，但在器物方面却趋于简化。先秦时期的璧、琮、圭、璋、琥、璜，到汉朝只保留了璧和圭来作为礼制用玉器。在汉朝，玉卮开始流行。玉卮，古称“卮”，产生于战国晚期，秦时杯、卮并用，流行于汉朝。根据相关资料，卮的用料主要有银、铜、石等，玉卮最为珍贵。玉器中的配饰玉器仍占很大比例，包括冠、璜、璜联珠组玉佩、韘形佩玉、玉印、玉刚、玉舞人等，其中以汉朝女性墓葬出土的玉舞人居多。汉朝玉舞人的盛行与当时乐舞的繁荣密切相关。葬玉在中国有着悠久的历史。秦汉时期葬玉的繁荣，使葬玉成为中国玉文化的重要组成部分。在古代，人们相信玉可以使人死后不腐烂。在汉朝，葬玉成为丧葬礼节的最高标准。汉朝丧葬玉器中，以玉衣最为典型，如图 1-20 所示。

除玉衣外，汉朝常见的丧葬玉器还包括玉九窍塞、玉琀、玉握、玉覆面、玉枕、玉棺等。玉九窍塞如图 1-21 所示。

图 1-20 西汉 · 金缕玉衣

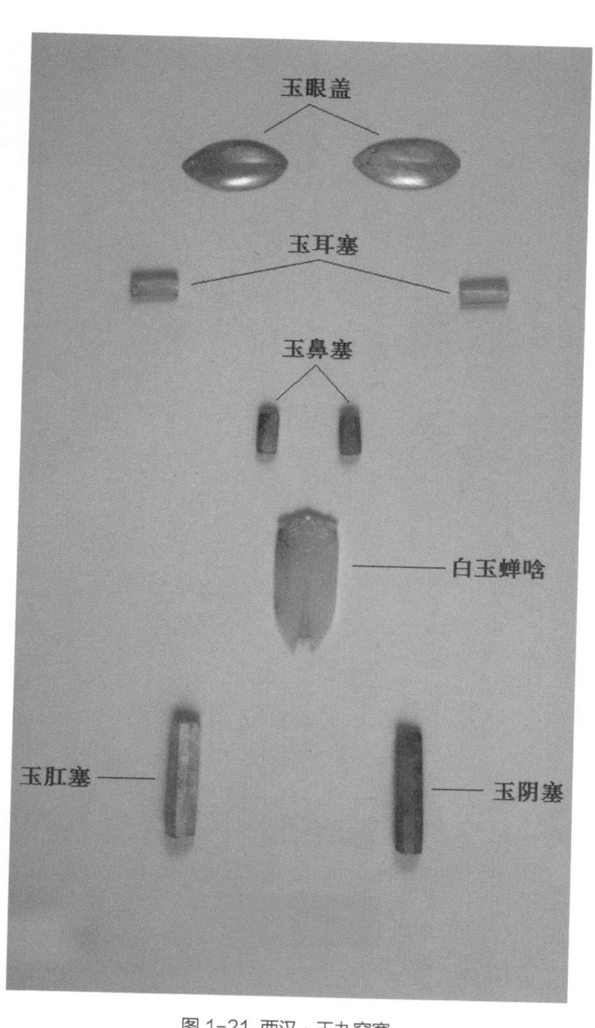


图 1-21 西汉 · 玉九窍塞

秦汉时期，佩戴玉器的流行使玉器的形状和线条更加优美。在装饰工艺方面，秦汉时期的玉器从战国时期盛行的双面对称雕刻风格发展为不对称雕刻风格，原有的平雕工艺也朝着立体圆雕工艺的方向发展，这使玉器呈现出浓郁简约、充满动感的艺术效果，如图 1-22 所示。

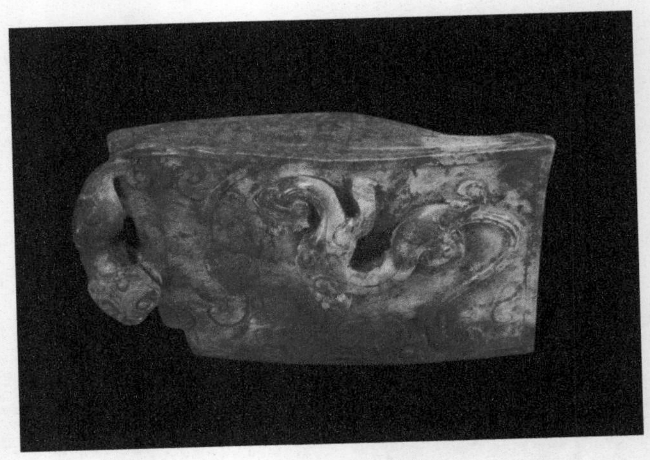

图 1-22 西汉 · 玉剑饰

由于战争的影响，秦朝手工业的发展受到一定程度的限制，而且秦朝历史太短，所以出土的年代准确的玉器数量很少。从河南省泌阳县官庄出土的玉璧和铁芯玉带钩可以看出当时的玉器生产水平。汉朝玉器的雕刻工艺越来越多样化，挖空的技术非常熟练和常见，高浮雕工艺和圆雕工艺被广泛使用。粗细线条的结合是汉朝玉雕的特点，而从阴线雕到游丝毛雕的演变是汉朝玉雕的重要标志。在刀法上，汉朝玉雕还留有战国时期的特点，并逐渐演变成难度极高的“汉八刀”。“汉八刀”使一些玉石的边缘具有锐利感，反映出汉朝玉雕的简洁明快。同时，这种雕刻风格也对后世玉文化产生了很大的影响。从汉墓出土的玉器来看，当时流行玉剑。与先秦时期相比，汉朝采用镂空、圆雕、高浮雕工艺的玉器数量明显增多。在汉朝晚期，受不朽炼金术思想的影响，这一时期的玉器充满着优雅的姿态和流畅、委婉而柔和的阴线雕刻图案。此外，受丝绸之路的影响，一些与佛教有关的艺术形式和题材对我国的玉文化产生了很大的影响。

汉朝以来，中原地区的玉器发生了重大变化，逐渐向装饰玉、鉴赏玉转变。在题材和造型上，汉朝中原玉器不断吸收佛教、绘画、雕塑的营养，大胆创新，从而进入了一个新的发展阶段。

## ◆ 1.2.5 繁荣期——隋唐五代宋时期

**隋**

隋朝与秦朝相似。秦朝是战国后第一个统一的王朝，隋朝是魏晋南北朝大变革后新的统一王朝。不同的是，秦朝是战国时期玉器大发展后统一的，隋朝是魏晋南北朝玉器大衰落后统一的。因此，这两个时期的玉器既有相同之处，也有不同之处。它们的材质基本相同，产量都比较少，但它们的品种和风格有较大差异。

隋朝的玉器新品种有近 10 种，如玉铲形吊坠、玉双股钗、镶金口玉杯、玉兔形佩等，如图 1-23 所示。镶金口玉杯又矮又圆，口上嵌着金箍，是迄今所见用金玉合制的实用器皿之一，如图 1-24 所示。

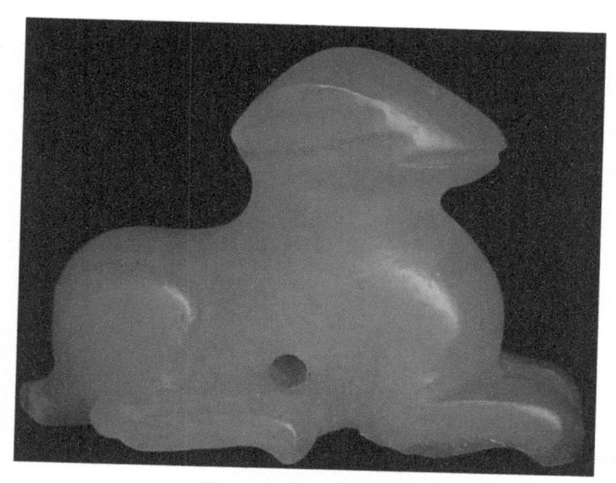

图 1-23 隋 · 玉兔形佩

图 1-24 隋 · 镶金口玉杯

在隋朝，无论是已有的还是新出现的玉器，其材质和局部结构都有很大的不同。例如，玉兔形佩是和田羊脂白玉圆雕而成的，全身光滑，没有瑕疵，腰部两侧有一个圆孔横穿。这显然不同于商朝和西周时期的玉兔形佩。这一时期的双股玉簪改变了以往以单股为簪的风格，对唐宋玉簪的生产和使用产生了重要影响。值得注意的是，虽然这一时期的玉器的种类和数量不多，但都是用优质的青白和田玉制成的，与魏晋以前的情况形成了鲜明的对比。

## 唐

由于大唐帝国的大统一，经济由复兴走向昌盛，东西方文化联系密切，唐朝玉器除了材质和制作方法与秦汉时期相似外，其他方面都在不同程度上进入了一个新阶段。唐朝玉器的品种和样式几乎都是新的，虽然其名称与早期相同，但其形式与早期不同。

汉朝盛行的礼玉、葬玉在唐朝几乎绝迹。唐朝玉器主要有玉簪（或玉簪头）、玉梳（或玉梳背）、玉镯、玉带板、玉人、仙佛、实用玉杯。其中，玉簪自新石器时代就不断出现，但在隋朝以前，它是单股的。唐朝以来，除了双股簪和单股簪外，还出现了一种新的玉制、宽薄片、金银体的复合发簪。初唐时，曾多为圆头圭形或长方形的玉梳已经消失了，新玉梳为宽长半月形。文献记载，玉带的使用始于南北朝，在唐朝十分普遍，二品以上的官员都可以使用玉带。玉簪和玉带板分别如图 1-25 和图 1-26 所示。

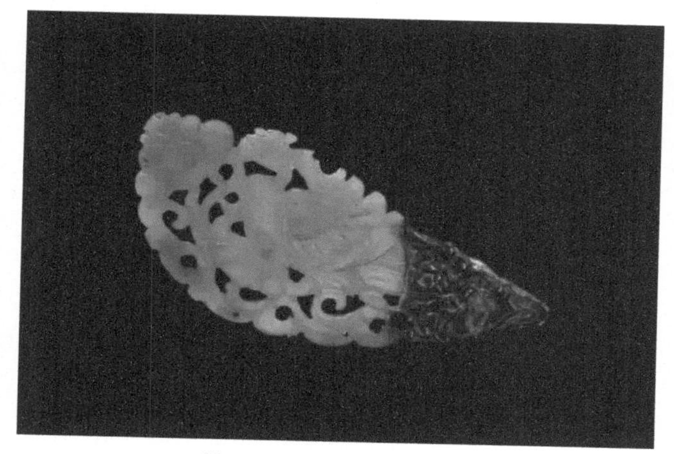

图 1-25 唐 · 镶金花卉鸟纹玉簪

图 1-26 唐 · 玉胡人吹笙纹玉带板

玉带的数量及其纹饰的差异代表了不同的官阶品位和文武官职。其中，皇帝的玉带是最好的，大部分都是用龙纹装饰的，带板的件数也是最多的。唐玉器纹饰进入了一个新的发展时期，许多形式都是史无前例的，如宽衣博袖的文人士大夫、头戴乌纱帽的官吏、衣着华美的仙女、长髯无冠的老人，与汉族人外形有别的所谓“胡人”和具有浓厚佛教色彩的飞天等。其中，唐朝特有的“胡人”最为引人注目。它的形态具有动感，如卷发无冠，有深邃的眼睛和高鼻子，穿着紧身窄袖的长衣和长筒靴，或翩跹起舞，或手执奇珍异宝呈跪地敬献状，或弹击各式乐器。它反映了当时与西域文化交流和人员往来的情况。唐朝玉器纹饰除了有传统的龙、凤、螭等图案外，还有一些现实主义风格、具有吉祥寓意和为推崇伦理道德服务的动物图案，如狮子、骆驼、鹿、大象、鹤、雁、鸳鸯、孔雀、绶带鸟等图案。其中，狮子图案和孔雀图案最早出现在玉器中，鹤、雁等鸟类图案呈展翅飞翔态。玉狮如图 1-27 所示。

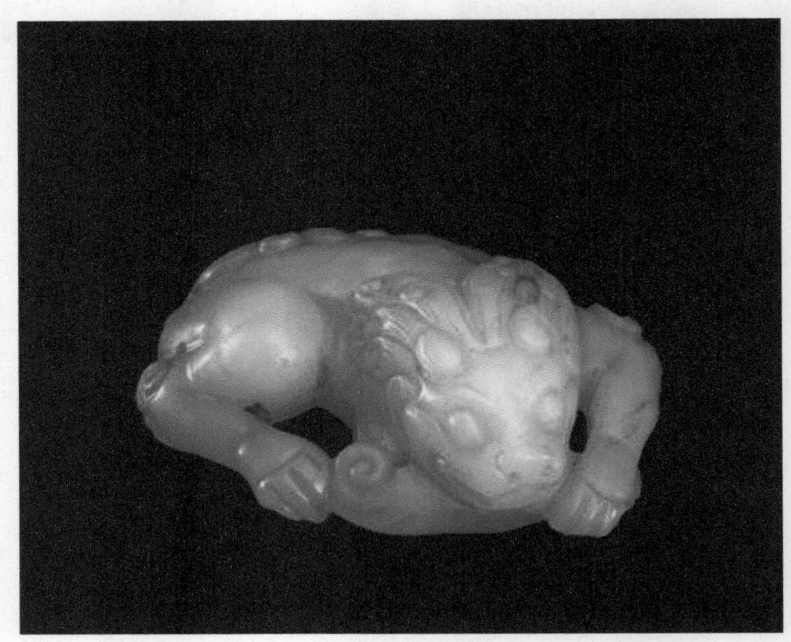

图 1-27 唐 · 玉狮

唐朝玉器上的植物纹饰首次以写实、具体的形式表现出来，与上述动物纹饰相似，具有一定的现实意义，常见的有蔓草、缠枝莲、牡丹、石榴和葡萄等。它们要么单独成纹饰，要么与动物纹饰组合。唐朝首次在玉器上使用植物纹饰，是当时玉器的开拓性工作，为后来丰富多彩的玉器纹饰提供了更为开阔的自然景观格局，被记录在玉器发展史上。唐朝时，玉器的生产和图案的表现都发生了很大的变化。其中，将整个图案隐藏（又称挖地或剔地阳纹），再在其上加上阴线，而局部绘制精细图案的方法尤为突出。

## 五代

这一时期的玉器也进入了衰落期。

然而，在一些小国，仍有或多或少的玉器，如图 1-28 所示。其中最重要的是南京两座南唐墓葬出土的玉器，以及成都前蜀王建墓出土的玉器，有玉龙纹带、玉飞天纹残器、玉哀册和玉成组佩等。

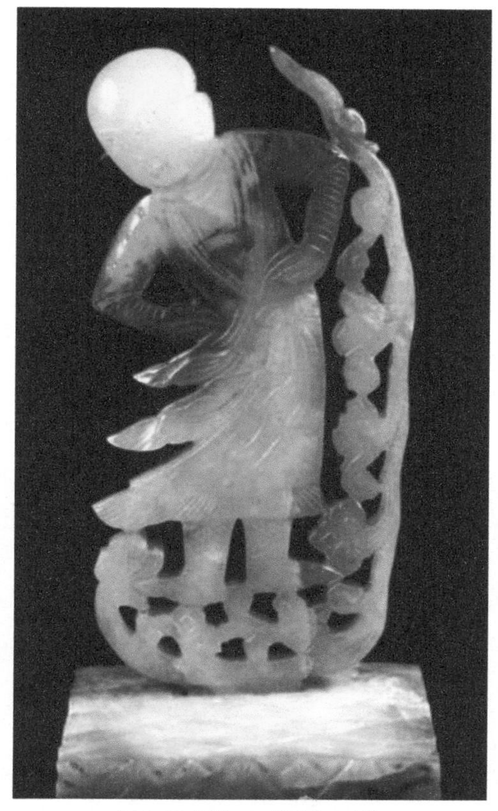

图 1-28 五代 · 玉善财童子立像

其中，玉飞天纹残器是最早出土的刻有飞天形象的器物。数十件玉哀册不仅是重要的文字资料实物，而且阴刻铭文上有填金，数量颇多，是研究当时的社会情况和文字形体的尤为珍贵的资料，在玉石发展史上也占有重要地位。

## 宋

宋朝是中国玉器发展的辉煌时期。此时的玉器没有过分的矫揉造作，更贴近现实。同时，它还注重表现细腻纯正的文人风格和高雅的意境，给人以清新舒适、自然恬静的含蓄之美。它摆脱了礼制的束缚，完成了生活化转型，并随着当时绘画技术和雕塑技术的发展而发展。

两宋时期，玉器生产规模扩大，民间出现了大量的玉器作坊，使玉器从宫廷走入民间。宋朝，礼器玉器的数量大大减少，玉雕更是以人为本。宋朝玉器玩味甚浓，民俗味道增加，工艺逼真贴近自然。宋朝肖生玉中动物种类繁多。这类玉器善于用动植物的图案来相互衬托，如动物多口衔灵芝瑞草，鸟在池塘里嬉戏，鱼和走兽往往装饰着水藻、荷叶、花朵、山石、树木等场景。其中，玉跃鱼是宋朝的一个新品种，如图 1-29 所示。

图 1-29 宋 · 玉跃鱼

宋朝的凤鸟纹饰以其纤细之美而闻名。它的翅膀没有唐朝时的弧度大，但它的脖子普遍比唐朝时的粗而短。它头顶上的羽毛很长，冠饰为花朵冠，尾巴很长，尾巴底部呈云头状，线条不像汉朝时那么浅。凤鸟纹饰常饰品字形云纹，与祥草祥云共同组成美丽的图案。宋朝动物立体件增多，立体感强，造型极为夸张，动物骨骼肌肉圆润丰满。玉雕童子是宋朝玉器的一个重要品种，并流传到明清两朝。各种各样的婴戏纹饰表现出儿童情趣，人物丰满、圆润，形象生动。这种玉雕一般打通心孔，以便佩戴。宋朝玉雕的基本特征是莲花的位置高过头顶或与头顶等高。玉雕的花多为牡丹、芍药、秋菊、荷花，寓意富贵平安，深受人们喜爱。宋朝玉雕改变了前朝玉雕平铺直叙的方式，阴阳相对的浅浮雕使花形更加自然、生动、灵活，花枝经常被翻折重叠，给人一种多层次、立体的感觉。宋朝龙纹成为后世龙纹的固定纹样。宋朝的龙雕比较细腻或古朴，基本上是静中有动，缺乏唐朝龙雕的威武。与唐朝玉龙相比，宋朝玉龙更细腻，造型更加生动，奔腾的马形特征消失了，玉龙经常在云海之间跳跃，如图 1-30 所示。

文献记载，宋朝龙大渊等人奉旨编撰了百卷《古玉图谱》，详细记载了南宋高宗时期皇宫中所藏玉器，引起了仿制古玉的流行。晚清金石学者吴大徵说：“唐、宋以后仿制之器多，而古玉之真者不可辨耶。”可见仿制古玉在宋朝很流行。

图 1-30 宋 · 玉龙

## ◆ 1.2.6　鼎盛期——元明清时期

### 元

元朝玉器在宋朝玉雕工艺的基础上融合了少数民族的文化内涵，形成了自己的玉文化特色，题材丰富，制玉风格朴素粗犷，雕刻工艺讲究深雕、重雕。元朝建立后，继承了宋、金的玉文化传统，进一步扩大了玉器的使用范围。元朝玉器以写实题材为主，早期工艺以细腻为主。从出土文物来看，元朝玉器的类型没有大的突破，主要类型与宋朝玉器基本相似；图案大多寓意吉祥，即“有图必有意，有意必有吉祥”。元朝玉器纹样的民族特色十分鲜明，构图中往往有一些独特的人物，他们一般戴着尖尖的橄榄帽，穿窄袖无领紧身衣、短裙和高筒靴，系着皮腰带，展现了独特的民族服饰风格。辽、金时期流行的“春水秋山”题材至今仍被广泛运用。“春水秋山”题材最初是描绘契丹人和女真人在春秋两季的狩猎活动的。与辽、金时期相比，元朝玉雕作品虽然采用了雕刻工艺，但在工艺上仍有明显的差异，如图 1-31 所示。

受宋朝仿古思潮的影响，为了满足对古雅的需求，元朝烤染技艺也在仿古玉器中流行，为明朝仿古玉器的进一步发展和繁荣奠定了基础。特别是元朝中期以后，玉器的工艺风格趋于粗犷朴素，形成了独特的玉文化，这类玉器如图 1-32 所示。

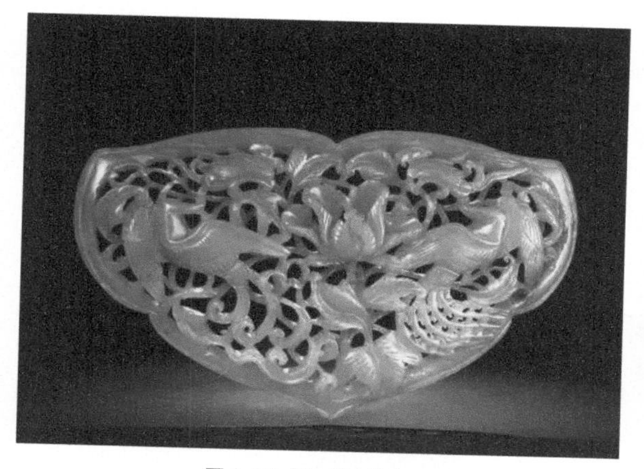

图 1-31 元 · 春水秋山玉

图 1-32 元 · 白玉透雕双螭纹嵌件

## 明清

明朝的玉器风格趋于简洁，曲折相宜，而清朝的玉器风格则趋于复杂。这两个时期的玉器也有许多相似之处，如追求清新典雅、精致玲珑等，这与当时文人的审美情趣密切相关。总体而言，明清玉器最精美的地方在于优良的材质和精湛的磨雕工艺，人们对艺术的追求也趋于精致。尤其是到了清朝，玉器雕刻和镂空技术达到了相当高的水平，但由于清朝玉器过分追求技术上的卓越，其艺术价值稍显逊色。

明清时期，玉杯是最具特色的品种之一。虽然历朝历代都有玉杯生产，但其风格和特点各不相同。明清时期的玉杯不仅工艺精湛，而且形式多样，如双耳玉杯、桃玉杯、葵式玉杯、人物玉杯等各具特色。其中，双耳玉杯颇受欢迎，其形态的变化主要集中在“耳”（即手柄）和动物、人物、植物、几何题材的耳杯设计上，如图 1-33 所示。

图 1-33 清 · 双耳玉杯

中国视觉艺术发展到明清时期，绘画一直占据着主导地位，从官廷贵族到民间文人，无不以擅长绘画为荣。这种时代风尚使得其他视觉艺术门类也受到了影响，玉器也是如此。明清时期，以山水花鸟、人物故事为题材的玉器颇受欢迎。玉工熟练运用传统玉雕工艺，追求如画般的艺术效果。如明朝以人物、山水为题材的玉器装饰，具有浙派、吴派的不同特点；清朝受画院风格的影响，强调笔墨的质感，打磨雕刻不仅要求细致、细腻，同时要求体现绘画的魅力，这使传统的磨玉工艺得到了新的发展。明清时期，仿古风潮盛行。究其原因，既源于当时的审美情趣，也源于玉雕工艺的进步。此外，明清时期的玉雕饰品种类丰富，且有许多精彩之作。如肖生玉雕中有牛、马、羊、犬、鹿、鸡、鸭、鹤、鹌鹑、鹊、雀以及龙、凤等，雕琢工整细致。明清时期，大象、鱼、桃等题材较多，这是因为这一时期是中国吉祥题材形成的时期，从官廷到民间，吉祥艺术盛行。

明清时期的玉器（见图 1-34）品类很多，形式也非常丰富，其影响一直延续至今。

图 1-34 清 · 雅集图白玉山子

## ◆ 1.2.7 新时期——民国至新中国时期

民国时期，中国处于动荡的环境中，玉器的发展受到了一定的冲击。受明清仿古风潮的影响，这一时期仿古风潮仍然盛行。进入民国后，大批晚清遗老百无聊赖，他们怀念昔日夕阳下的锦玉裘马。于是，对仿乾隆工、仿战、仿汉古玉的需求在短时间内迅速增加，形成乾隆之后仿制古玉的第二次井喷。此时的玉器很难体现出明显的时代特征，能够表现时代风格的雕工和图案尚未形成，所见大多是仿古玉器，如图 1-35 所示。

图 1-35 民国 · 青玉花纹盖瓶

民国时期的仿古玉器按材料分有两种。一种使用新疆和田玉（比较少见），雕刻一般都很精细，仍然体现了传统的用料好、做工好的原则，带有一定的清朝风格；另一种使用常见的岫岩玉、独山玉等地方玉，这些地方玉密度低，容易制作各种假沁色。民国时期的做旧与清朝中期的做旧相比，最根本的区别在于生产目的不同。民国时期的古董完全商业化，与赝品只有一步之遥。

1949 年，中华人民共和国成立。在党和政府“保护”“发展”和“提高”的方针下，玉器产业迅速恢复。20 世纪 50 年代初，各地从农村召回玉匠，组织发展玉器产业，各玉器工厂发展迅速。特别是在技术特点上，各地逐渐形成了自己的风格，产生了许多优秀作品。1950 年以后，成立国营玉器厂，开展加工、订购、采购和出口业务，以支持玉器产业的发展。此阶段，玉器从生产到销售都很活跃。1972 年，“全国第一届工艺美术品展览会”在北京举行，玉器生产出现了第二次高潮。年轻一代迅速成长，逐渐成为玉器设计和生产的中坚力量，他们在20世纪70至90年代创作了许多优秀作品。20世纪90年代以来，社会主义市场经济体制建立并发展，个体玉器经营成为主流，各地大小作坊开始适应市场变化。目前玉器在总体上形成了南北两派，北派以北京玉器为中心，南派以上海玉器（见图1-36）为中心。

中国玉器产业是一个特色产业，并已经形成产业链，这为玉器产业的繁荣发展奠定了坚实的基础。

图1-36 上海玉雕万水千山

# 1.3 常见的玉石及优质玉石特征

日常生活中常见的玉石有翡翠、独山玉、和田玉、白玉、青玉、青白玉、碧玉、黄玉、糖玉、墨玉、岫玉等。

优质玉石的主要特征：第一，颜色均匀（除碧玉、墨玉、花玉外），内含颗粒状、絮状包裹体，质地细腻、坚韧，柔软湿润，略微透明；第二，抛光表面具有纤维交织结构，即毡状、簇状、束状交织结构（肉眼看不见）；第三，手指在抛光的软玉表面上移动能感受到阻力，即涩感；第四，软玉（如和田玉）一般有细腻的油脂感，具有油脂光泽。

# 1.4 我国玉石产地分布

我国的玉石产地主要有新疆、青海、云南、四川、贵州、陕西、河南、辽宁等地。

新疆昆仑山和阿尔金山地区主要产传统和田玉，其中包括产籽料的昆仑山的软玉矿，产青白玉、青玉及少量白玉的塔什库尔干－叶城地区，产白玉、墨玉的皮山－和田地区，产青白玉和青玉的塔特勒克苏玉矿，等等。

青海软玉在青海有3个产地。第一个是纳赤台，距格尔木94km，位于青海省格尔木市西南部，矿区位于青藏公路沿线的高原丘陵地带。该矿区产的玉石以山料为主，有少量山流水（戈壁）料。该矿区产白玉、青白玉、烟青玉、翠青玉、糖玉等。第二个是大灶台子，位于纳赤台西北50km处。该矿区早期主要开采山流水料，现在主要开采山料，品种以青玉为主。第三个是海北藏族自治州门源回族自治县和祁连县境内的祁连山，主要出产青海碧玉。

云南玉石有碧玉、葡萄玉、东陵玉、岫岩玉、蓝玉髓、软水晶、绿松石、孔雀石和各种长石。

四川产的玉石有龙溪玉、软玉、桃花玉、蓝纹玉、夏珠翠玉、青金石、会理玉、牙黄玉、碧玉、龟纹玉、夏珠玉、黑玉等。龙溪玉产于汶川县龙溪乡（现已撤销），玉为浅绿色和深绿色，介于新疆青玉和黄玉的颜色之间。川西的软玉呈翠绿色，有黄色星点和蜡质光泽。桃花玉产于攀枝花的盐边和得荣、冕宁等地，为粉红色，呈块状晶体结构，色彩鲜艳。产于南江和旺苍的蓝纹玉，呈淡蓝色和蓝灰色，与巴西蓝纹石玉相似。产于得荣、甘孜的夏珠翠玉，为翠绿色，有白色或灰白色斑点。青金石产于九龙和康定，呈果绿色和天蓝色。会理玉产于会理，颜色为叶绿色和深绿色，有蜡质光泽。牙黄玉产于喜德与德昌，为浅黄色或黄色。

贵州玉石有金星翠玉、贵翠、烛煤玉、碧玉、绿玉髓、紫萤玉、玛瑙等。金星翠玉产于黔南与黔西，带有铜绿美色星点，质地较细，略透明。贵翠产于黔西南，呈淡绿色，但砂眼较多。烛煤玉俗称墨玉，产于水城，光亮，块状细密，无裂无绺纹，硬度尚可。碧玉产于黔西北，呈灰绿色与油绿色，有蜡质光泽，质地细润。绿玉髓产于黔北，呈绿色。

陕西所产玉石有绿松石、绿帘玉石、桃花玉石、丁香紫玉、商洛翠玉、洛翠玉、碧玉、蓝田玉、墨玉等，主要分布在白河县、平利县、商南县、洛南县、富平县、安康市等地。

河南所产玉石有独山玉、蜜玉、梅花玉、黑绿玉和西峡玉，主要集中在南阳市东北郊的独山、密县、西峡县等地。

除以上地区之外，还有主要产岫岩玉、玛瑙和海城玉石的辽宁，产长白玉的吉林地区，产祁连山玉和鸳鸯玉的甘肃地区，等等。

# 1.5 玉石质地鉴别、颜色、透明度、光泽

从地质学角度看，玉石多属岩石，地球上的岩石有几千种，但只有其中十几种外形美观、质地细腻、符合工艺美术要求的岩石才可以称作玉石。

## ◆ 1.5.1 翡翠

翡翠是一种矿物集合体，主要由硬玉和各种细小矿物组成。硬玉是翡翠的主要组成矿物，绿辉石、钠铬辉石、钠长石、角闪石、透闪石、透辉石、霓石、霓辉石、沸石，以及铬铁矿、磁铁矿、赤铁矿和褐铁矿是翡翠的次要组成矿物。在某些情况下，绿辉石将成为翡翠的主要组成矿物。在商业领域，翡翠是宝石级的硬玉岩和绿辉石岩的总称，具有工艺价值和商业价值。宝石级的“翡”单独使用时指各种深浅不同的红、黄翡翠，玉石级的“翠”单独使用时指各种深浅不同的绿翡翠。优质绿翡翠俗称“高翠”，如图 1-37 所示。

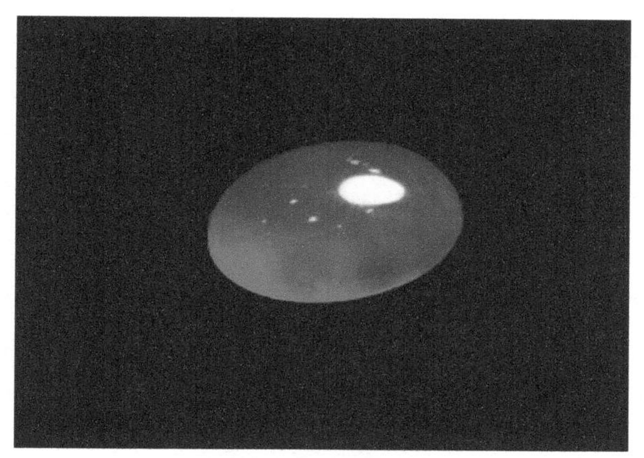

图 1-37 优质绿翡翠戒面

### 质地鉴别

翡翠的“翠性”是指在灯光照射下翡翠的矿物晶粒反射出来的光线，也可以叫作“苍蝇翅”，它是衡量翡翠品质好坏的重要标准。“翠性”常出现在颗粒状纤维的交织结构中，在白色块状“石花”或“石脑”附近容易观察到。矿物颗粒越粗，“翠性”越明显；颗粒越细，观察难度越大。

颗粒粗糙的翡翠表面常出现“微波纹”，又称“橘皮效应”。这是长柱状和束状硬玉颗粒之间的硬度差异造成的，是翡翠内部结构的外在反映。

在光照下，可以借助反射光在翡翠表面观察“翠性”及“微波纹”，可以借助透射光观察翡翠独特的（颗粒状）纤维交织结构。

### 颜色

翡翠的颜色丰富多彩。观察翡翠的颜色不仅要观察色调，还要观察颜色的组合和分布（俗称“色根”），从而判断其颜色是否是翡翠的正常颜色，是否是翡翠的普通颜色，以便区别于其他玉石。另外，要观察颜色是否是呈丝网状、沿微裂隙分布的，从而判断其颜色是原色还是人工染色形成的。

### 透明度

翡翠的结构决定了翡翠的质地、透明度和光泽。一般来说，矿物颗粒越粗，它们之间的结合越松散，翡翠的质地越疏松，透明度和光泽就越低；相反，矿物颗粒越细，它们之间的结合越紧密，翡翠的质地越细，透明度就越高。

### 光泽

由于翡翠具有较高的折射率和硬度，所以其光泽强于其他玉石，常呈油脂、蜡状光泽。

## ◆ 1.5.2 和田玉

### 质地鉴别

和田玉以致密块状结构为主，质地细腻，主要结构为毛毡状变晶结构，其次为放射状变晶结构和纤维状柱状变晶结构。毛毡状变晶结构是和田玉最典型的结构，表现为透闪石的颗粒非常细小均匀，如图 1-38 所示。

图 1-38 和田玉实物标准样品

### 颜色

和田玉分为白玉、青玉、黄玉、墨玉 4 类，其中白玉可进一步分为羊脂玉、白玉、青白玉等。昆仑山河流也产有碧玉，但其原生矿属于超镁铁岩型，故不应列入和田玉中。和田玉中以白玉和黄玉为贵，白玉中的羊脂玉非常稀有，仅有新疆出产，古人就认为“于阗玉有五色，白玉其色如酥者最贵”。

### 透明度

和田玉是一种微透明体。一般来说，它能透过光线，但图像不清晰。这种透明度增强了和田玉的温润感和光泽，所以和田玉不宜雕得太薄。

### 光泽

古人评价和田玉为“温润而泽”，即其光泽带有油脂性，给人一种滋润的感觉；特别是和田玉中的羊脂玉，以光泽滋润如羊脂而闻名。

## ◆ 1.5.3 墨玉

墨玉是和田玉中的一个稀有品种，具有和田玉的优良品质。它结实而温润，漆黑如墨者，色泽厚重，呈油质，质地细腻，光滑典雅，如图 1-39 所示。

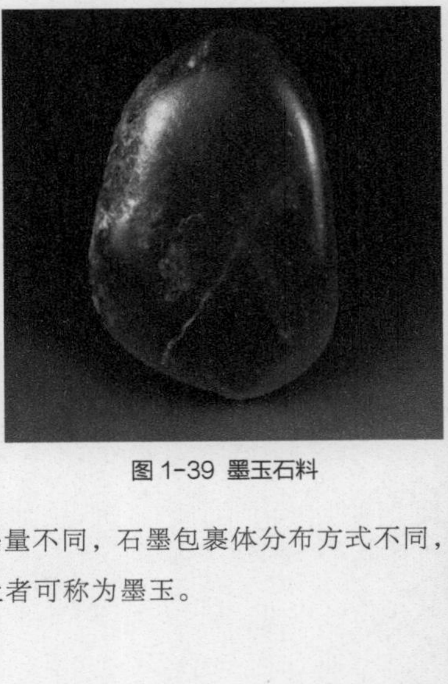

### 质地鉴别

墨玉的主要矿物成分为透闪石，其“墨”色是由内部细小的石墨包裹体造成的，墨玉中的黑色多呈浸染状、叶状、条带状聚集，可夹杂白色、青白色或灰白色，多不均匀。

图 1-39 墨玉石料

### 颜色

墨玉呈纤维交织结构，其颜色在自然光（反射光）下漆黑如墨。由于含石墨量不同，石墨包裹体分布方式不同，黑色深浅不均匀。墨玉可以呈点墨、聚墨、全墨等，一般黑色含量在 30% 以上者可称为墨玉。

### 透明度

在强透射光下，墨玉会表现出不同程度的透明感，墨玉从半透明到不透明都有，大部分呈微透明。

### 光泽

墨玉质地细腻、致密，有油腻感，有光泽，有纹理裂纹和杂质。

## ◆ 1.5.4 青玉

青玉是软玉中数量最多的。其物质成分与白玉相同或相似，成因与白玉相同，都是接触变质作用形成的，只是因为微量元素铁的含量不同而呈现出差异。青玉如图 1-40 所示。

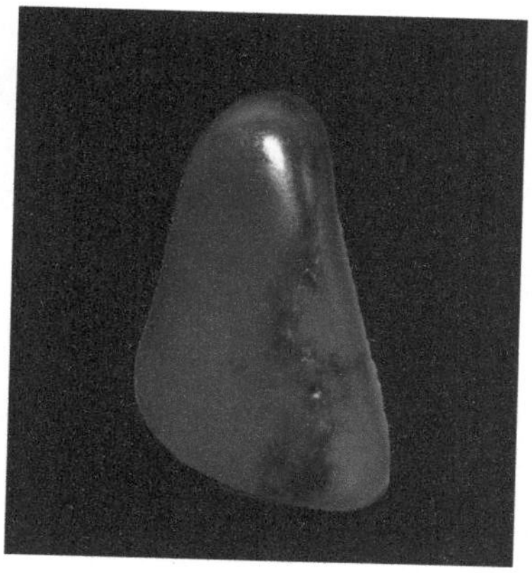

图 1-40 青玉石料

### 质地鉴别

青玉中含有少量杂质，内部纹路清晰，并有一定的石纹可供鉴别；而假青玉的纹路则如同彩绘，没有自然感。青玉质地非常细腻，手感也非常温暖，光泽柔和，油性好，韧性超强。

### 颜色

青玉的颜色从青白、青直到深墨绿色，跨度很大。由于这样的颜色跨度，它可以细分为青白玉和青玉，青绿色的玉也被称为青碧玉。青玉与青碧玉虽然同为透闪石类玉石，但是二者的成因不同。从外观上看，青玉的颜色是灰绿色和黑绿色，而青碧玉的颜色主要是草绿色；青玉没有黑点，而青碧玉通常有黑点。

除了所谓的青玉，新疆还有一些特殊的青玉品种。比如青玉籽玉，它的颜色其实是黑绿色的，但是从外面看它是黑色的，只有在强光下，绿色才清晰可见。这种青玉籽玉内部结构细腻均匀，表现出很好的玉质感。此外，得到广泛开发利用的青海青玉也是一个很好的品种。青海青玉具有质地均匀、色泽均匀且细腻的特点，特别适用于制作大型玉雕器皿。

### 透明度

青玉的透明度介于半透明到微透明之间。

### 光泽

上好的青玉有油腻的温润感，油性足。

## ◆ 1.5.5 碧玉

碧玉，其中氧化铁和黏土矿物等的含量在 20% 以上。碧玉按产地可分为中国新疆碧玉、中国沱江碧玉、俄罗斯碧玉、加拿大碧玉、新西兰碧玉、美国加利福尼亚州碧玉。碧玉如图 1-41 所示。

图 1-41 碧玉石料

## 质地鉴别

碧玉的透闪石含量低于青玉。碧玉中含有较多的阳起石，此外还有一定量的铬尖晶石、石墨点、绿泥石和辉石。

碧玉是和田玉的一种，又称“玛纳斯玉”。和田碧玉一般是指产于新疆玛纳斯的碧玉。由于和田玉国家检测标准取消了和田玉的地域命名限制，因此俄罗斯碧玉和加拿大碧玉也可以被检测为和田玉，但它们在品相上存在差异。俄罗斯碧玉比较干净，黑点少，加拿大碧玉黑点多，颜色较深。和田玉的黑点大多是碎片，这就是所谓的“脏”。

俄罗斯碧玉是碧玉的一种，2000 年前后，作为一个非常优质的品种，它进入了中国人的视野。俄罗斯碧玉的原料是原生矿物，这些山料体积大、质量好、裂少、黑点少、色泽好，其中很大一部分属于“珠宝级”碧玉。这些碧玉被大量制成手镯、珠子和手把件，弥补了我国优质碧玉的不足。这使得俄罗斯碧玉成为中国玉制品的主要原料。

和田碧玉的鉴定方法主要有以下 5 种。

一是钢刀划动法。把从外形上看颜色鲜亮、石质细润的玉件，用硬度为 5.5 至 6 的小钢刀划几下，毫无痕迹者可能是和田碧玉。

二是划磨玻璃法。用玉件角楞划磨硬度为 5 至 5.5 的玻璃，使玻璃出现痕迹者可能是和田碧玉。

三是滴水观察法。由于和田碧玉密度高，将水滴上去后，水滴边缘整齐而不扩散者可能是和田碧玉。

四是手摸法。将玉件拿在手中，摸一摸，搓一搓，有温润、油滑之感者可能是和田碧玉。

五是视察法。将玉件朝着光明处，比如阳光或灯光处，颜色剔透、结构均匀者可能是和田碧玉。

## 颜色

碧玉的颜色以绿青色为主，包括绿色、灰绿色、黄绿、深绿、墨绿等，颜色柔和均匀。碧玉中常含有黑点，这也是碧玉的重要特征。最好的碧玉大多没有黑点，它们色正、浓、纯，手感冰润、厚重，但是产量少、价格高，很难买到。

### 透明度

碧玉是一种半透明的呈菠菜绿色的和田玉，颜色和结构不甚均一，有时含有绿帘石、磁铁矿形成的色带和色团。

### 光泽

碧玉质地细腻，有油脂或蜡状光泽，多用于制作器皿或工艺品，有广阔的市场前景。

## ◆ 1.5.6 寿山石

寿山石是福建省福州市晋安区的特产，是中国国家地理标志产品。寿山石是福州的一种名贵石材，晶莹剔透，脂润，色彩斑斓，色泽浑然天成，色界分明，稀有，观赏性强，深受喜爱，2003 年被确定为“国石”候选石。寿山石是由高岭石族矿物（包括地开石、高岭石、珍珠陶石）、叶蜡石或伊利石组成的天然多晶宝石，颜色多样，硬度低，质地细腻，易于雕刻，如图 1-42 所示。寿山石在宝石学和彩石学上属于彩石大类。它的种类和石名都很复杂，有 100 多个品种。按照传统，寿山石可分为“田坑”“水坑”和“山坑”三大类。

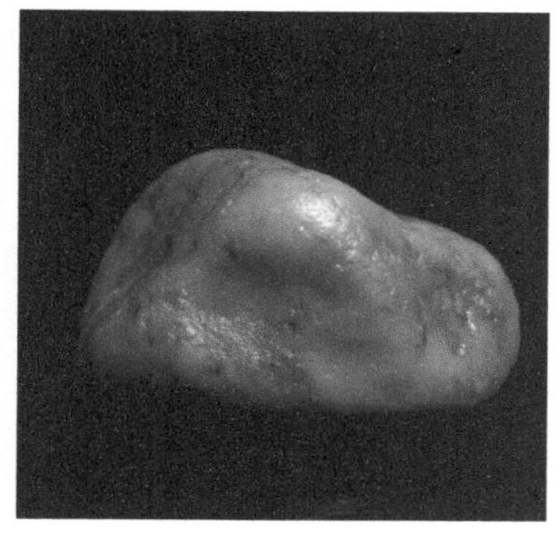
图 1-42 寿山石原石

### 质地鉴别

一是外形，包括形状、棱角、皮相。如：田坑石无根而璞，无脉可寻，呈自然块状，无明显棱角，有明显色皮。

二是颜色，主要看色相色彩的分布情况及色彩结聚状态的表里情况。寿山石色彩多样，各种颜色均有，每个石种的颜色都有规律可循。

三是质感，大部分寿山石都存在天然的分隔纹路。其石质表面和内部纹理是清晰明确的，表面非常光滑，石头有重坠感，如水坑、老坑的石品手感发重。寿山石吃刀的感觉非常顺滑流畅。

四是肌理，包括纹理和裂格（裂是有明显或不明显的缝隙，格是石本身固有的分隔线或纹线）。大部分寿山石都存在着格，有些石种有漂亮的纹理，如荔枝洞石的萝卜丝纹、大山石的波涛形纹理、山秀园的斑斓色块等。

### 颜色

寿山石种类有寿山田黄冻石、桃花冻石、芙蓉冻石、荔枝冻石、牛角冻石、鱼脑冻石、天蓝冻石、环冻石、水晶冻石、大红袍鸡血冻石、鳝草冻石和豹皮冻石等。寿山冻石有多种颜色，如白色、乳白色、灰白色、红色、粉色、天蓝色等。寿山冻石中的红色如鸡血，粉色如桃花。

### 透明度

寿山石品种多样，从微透明至半透明的都有。

### 光泽

寿山石石质温润莹洁，质地细腻、油润。一些寿山石品种如水晶冻石、鳝草冻石等质地清灵，色光而通灵，具有明显的玻璃光泽。

## ◆ 1.5.7 河磨玉

在岫岩满族自治县，该产地的和田玉可分为山料与河磨玉两种。山料俗称黄白老玉，是在矿脉上直接开采出来的和田玉，它的颜色以黄白为主，也有绿老玉。河磨玉是籽料的一种，因产于岫岩当地的河流或河流附近的河床而得名，其特点是部分或全部玉体被土浸风化等原因形成的石状物包裹。从表面上看，它像一块普通的石头，但这种玉石的质量是同类中最细腻、最油润的，如图 1-43 所示。

图 1-43 河磨玉石料

### 质地鉴别

河磨玉的质量取决于玉的特性，主要表现在石性重不重、石花多不多、料子够不够净、皮色够不够红上。河磨是玉石脱离山体，长期受河水冲刷而与金属矿接触形成的特殊质地。一般来说，河磨玉有红褐色的外皮。如果有河磨，则可以证明是老玉，价格更高。

### 颜色

河磨玉外包石皮，内分绿色、黄绿色、黄白色和黄色，也有少量绿色、青色、黑色和糖色。

### 透明度

河磨玉为微透明。

### 光泽

河磨玉玉质纯净、坚韧，油脂感强，有玻璃光泽或油脂光泽。

## ◆ 1.5.8 南红

南红指玉的一个珍贵品种，如图 1-44 所示。南红出产于云南、四川南部、青海、甘肃等地。南红很早以前就被人们开采利用，有人认为古书里称的“赤琼”指的就是南红玛瑙。

图 1-44 南红石料

### 质地鉴别

南红质地为胶状。即使是全红色的珠子也不是不透明的，其颜色从内到外是通透的、一致的。即使是无色的珠子也有一种朦胧的质感，这种质感是目前人工无法模仿的。

大部分的老珠子，特别是老玉髓或玛瑙珠子，其表面都有半月形的纹路。这种纹路主要是长期使用造成的。天珠等价值不菲的老珠子近来出现了新仿敲击制成的纹路，但可以明显看出，纹路与表面涂层不匹配，而且大小统一、呆板、纹路深处无光泽。

南红自身有多处裂缝，所以市面上填充胶的南红比较多。通过观察南红在紫外光下灌胶后是否有荧光效果，可以区分其优劣。

### 颜色

南红常见的颜色为锦红、柿子红、樱桃红、冰红、水红等。南红颜色中也有红白相间的，南红除了有白色纹路、红色向透明渐变以外，不会有其他变化。

### 透明度

南红在半透明至微透明之间，通透性较好的南红多产自凉山，被称为“川南红”。

### 光泽

南红通常具有油脂光泽。一般而言，云南保山的南红整体油性较好，川料里的瓦西南红油性也非常好。

## ◆ 1.5.9 松石

松石又叫松屏石、醒酒石、婆娑石，属变质岩，形成期距今有 2 亿多年，按层理分解呈板状。松石是一种完全水化的铜铝磷酸盐，种类包括波斯松石、美国松石、墨西哥松石、埃及松石和带铁线的绿松石。

松石因所含元素的不同，颜色也有差异，氧化物中含铜时呈蓝色，含铁时呈绿色，多呈天蓝色、淡蓝色、绿蓝色、绿色、带绿的苍白色。其颜色均一，光泽柔和，无褐色铁线（松石的纹理俗称铁线）者质量最好，如图 1-45 所示。

图 1-45 松石原料

### 质地鉴别

松石质地细软，硬度适中，色泽迷人，但在颜色、硬度和质量上存在较大差异。它通常分为 4 个品种，即瓷松、绿松、泡（面）松和铁线松。

松石外观似瓷，具有典型的颗粒状结构。通过放大检查，基体中晶界清晰，基质颗粒呈深蓝色。松石所含的蓝色铜盐能溶于盐酸，滴酸后用白色棉球擦拭时，其上会呈现明显的蓝色。由于天然松石的成分非常复杂，对其铁线的检验成为一个重要环节。如果是天然的松石，其表面的铁线有立体感，且铁线有粗有细，分布也不一样，有着天然的真实美感。人造松石的铁线摸起来很光滑，没有立体感，铁线的粗细差不多，看起来很不自然。

### 颜色

松石有浅蓝、中等蓝色、绿蓝色、绿色等多种颜色，颜色斑驳，有暗色斑点和纹理。通常来说，颜色越蓝越好。

### 透明度

松石薄片的下部分呈半透明状。

### 光泽

松石的抛光面有油脂光泽、玻璃光泽，断口处有油脂暗淡光泽。

# 第2章

# 玉雕常用设备和工具

CHAPTER 02

玉雕常用的设备和工具很多，本章主要介绍从开料到抛光过程中使用的设备和工具。随着科技的发展，设备和工艺的更新换代比较快，本章设备和工具的图片仅供参考。

# 2.1 开料机

开料机用于较大的玉石开料，其电压为 380V，电机功率为 1500 ~ 7500W，电机转速为 1400r/min，有效裁切尺寸为 36 ~ 152cm。开料机工作原理示意图如图 2-1 所示。

图 2-1 开料机工作原理示意图

## ◆ 2.1.1 油切机

油切机适用于将 60cm 以内的石料切割成片状，切割完后自动停止工作。其型号从 8 寸到 60 寸不等，冷却液用 5 号工业白矿油。白矿油是无色无味、无荧光、透明的油状液体。其电压为 220 ~ 380V，电机功率为 3000W，主轴转速为 1250r/min。油切机如图 2-2 所示，其内部结构和工作原理分别如图 2-3 和图 2-4 所示。

图 2-2 油切机

图 2-3 油切机内部结构

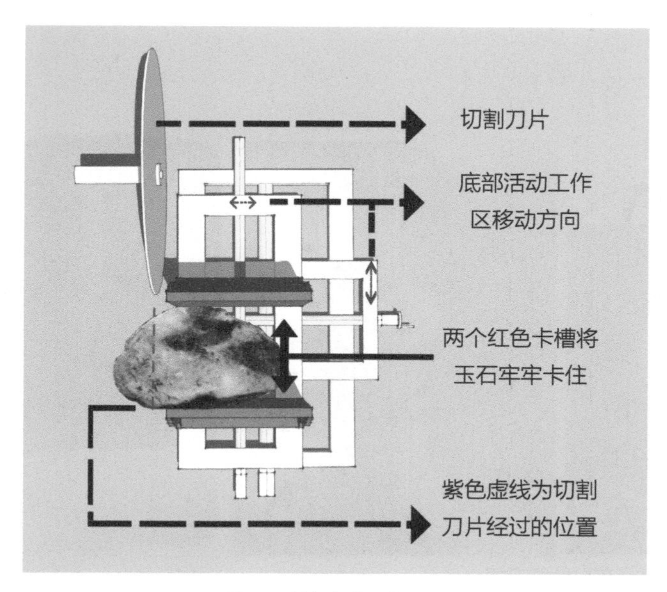


图 2-4 油切机的工作原理

## ◆ 2.1.2 水切机

水切机和油切机类似，不同之处在于：水切机用水冷却、体积小、需手动操作，适用于切割较小的石料。其电压为 220V，电机功率为 1500 ~ 2200W，电机转速为 1400r/min，有效切割半径为 20 ~ 80cm。水切机如图 2-5 所示。

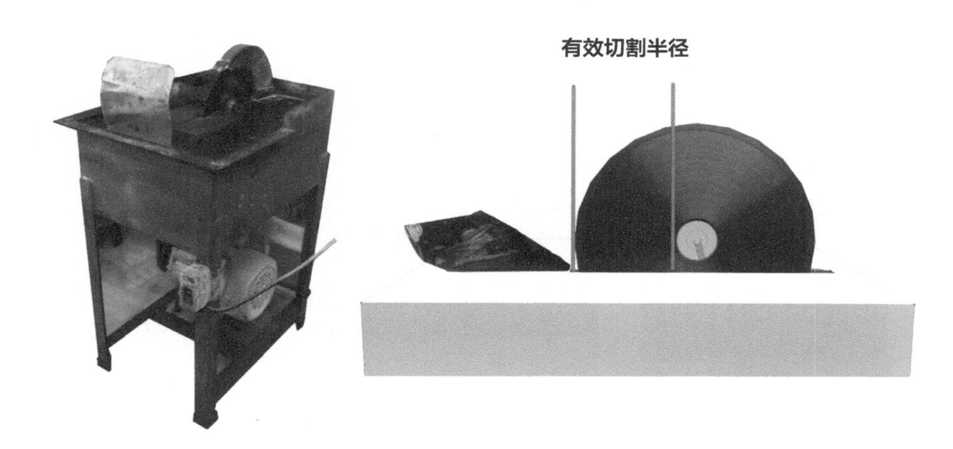


图 2-5 水切机

## ◆ 2.1.3 线切机

线切机是目前切割玉石损耗最小的切割设备，操作简单便捷。线切机分为平面线切机和异形线切机。平面线切机可以切割出非常工整、非常薄的片状材料，异形线切机可以切割出不规则的形状。

平面线切机是比较先进的切石设备，线锯的锯直径很短、精度高，对材料的耗损小，其加工精度≤ 0.05mm，每小时可切割 10cm，切割厚度从 150mm 到 350mm 不等，能承受的最大玉石重量约为 400kg。不同机型的切割直径不一样，切割直径从 280mm 到 900mm 不等。平面线切机如图 2-6 所示。

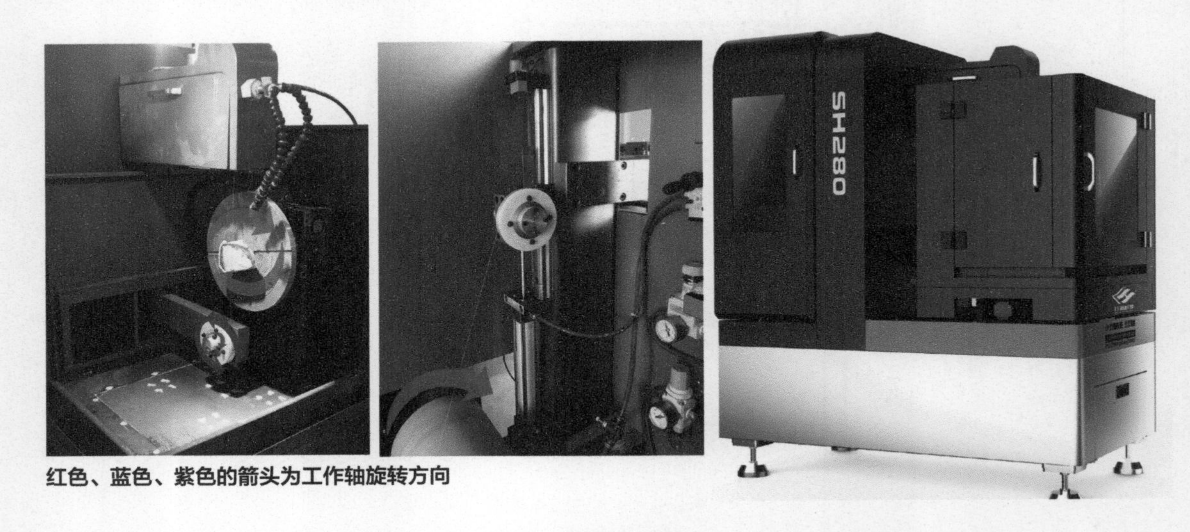

图 2-6 平面线切机

异形线切机：型号为 SH260-YX，最大加工玉石尺寸为 200mm × 200mm，最大加工效率为 35mm/h，加工精度≤ 0.05mm，加工表面粗糙度≤ 0.1mm，额定电压为 220V。异形线切机用于切割复杂的平面图案，如图 2-7 所示。

图 2-7 异形线切机和它切割的图案

# 2.2 雕刻机

由于玉石的硬度高，纯手工雕刻不能满足加工需求。针对雕刻的电动工具不断发明出来，其目的就是缩短加工时间，达到所需要的工艺效果。

## ◆ 2.2.1 吊机（锣机）

吊机是目前玉石雕刻使用的主要工具，方便实用。吊机的皮带传动装置在电动机的传动下，带动工作磨头转动。吊机通过高速旋转，快速打磨，以去掉玉石上不要的部分。

大功率吊机：电压为 220V，输出功率约为 375W，主轴转速为 28500r/min，常用于玉石雕刻。小功率吊机：电压为 220V，输出功率约为 180W，主轴转速为 18000r/min，常用于抛光、精工镶嵌。大功率吊机和小功率吊机分别如图 2-8 和图 2-9 所示。

图 2-8 大功率吊机

图 2-9 小功率吊机

## ◆ 2.2.2 电子雕刻机

电子雕刻机是比较常用的雕刻工具，其转速可调节，常用于雕琢细节，灵活方便，如图 2-10 所示。其电压为 220V，功率为 60 ~ 300W，转速可调节为 35000r/min、40000r/min、45000r/min、50000r/min、60000r/min、90000r/min。

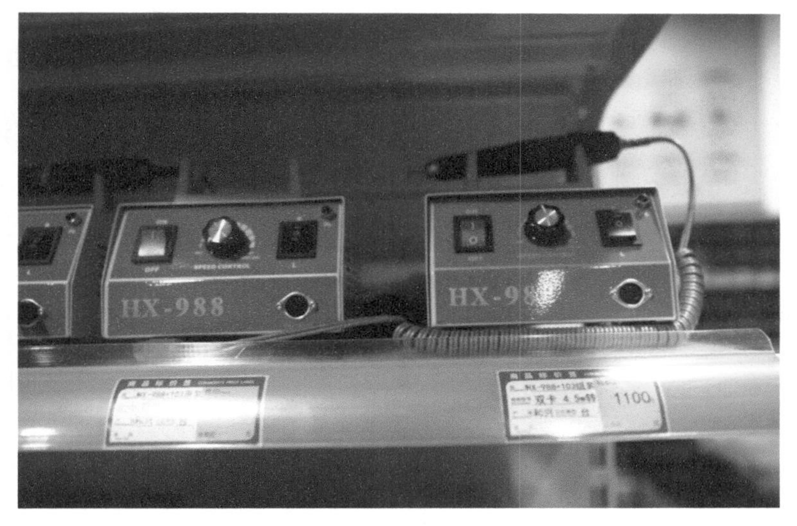


图 2-10 电子雕刻机

## 吊机用夹头

吊机手柄卡工具用的夹头有进口和国产两种，夹头尺寸有2.35mm、3.0mm、4.0mm、5.0mm、6.0mm，2.35mm 和 3.0mm 为常用雕刻夹头。带磨头的夹头如图 2-11 所示。

图 2-11　带磨头的夹头

## 雕刻磨头

雕刻磨头分国产、进口和半进口 3 种，杆直径为 2.35mm、3.0mm，有粗砂和细砂之分。雕刻磨头有各种形状和大小，可以雕刻不同的造型。常用的雕刻磨头如图 2-12 所示。

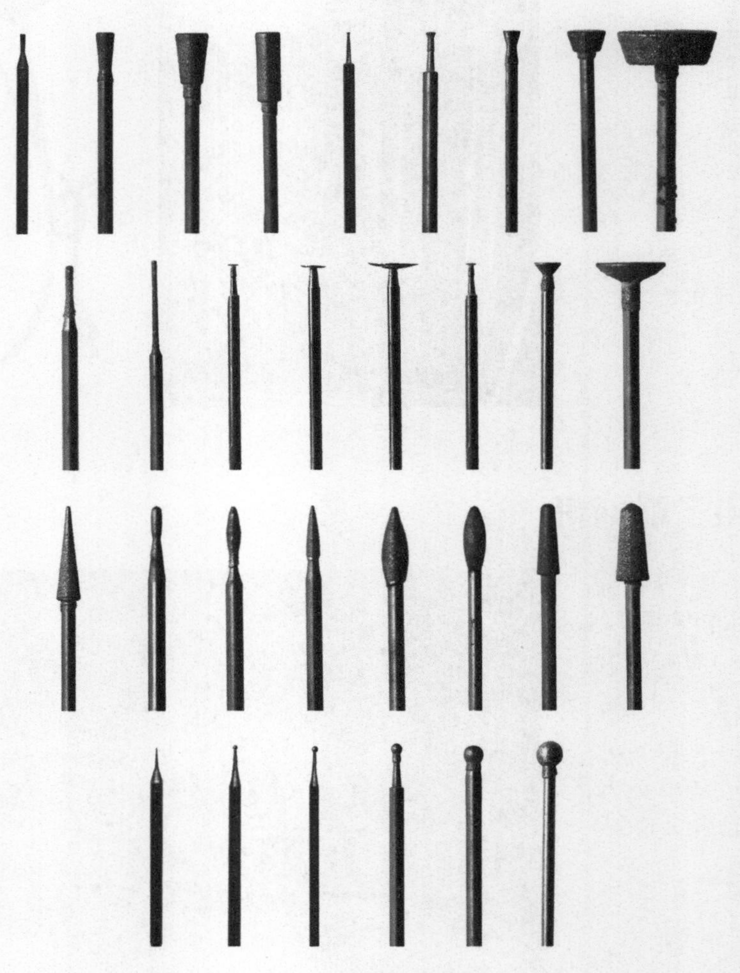

图 2-12　常用的雕刻磨头

## ◆ 2.2.3 辅助工具

雕刻过程中会使用到的辅助工具有扳手和钢条，如图 2-13 所示。

旋转工具盒是收纳雕刻磨头的辅助工具，简单实用，如图 2-14 所示。

图 2-13 扳手和钢条

图 2-14 旋转工具盒

自动铅笔、油性针管笔是用于在纸或玉石上描绘图案的工具。自动铅笔多用直径为 0.35mm 的笔芯，油性针管笔多用 005 号、01 号的细笔。笔尖小，误差小，工艺才能做得细。自动铅笔芯、自动铅笔和油性针管笔如图 2-15 所示。

图 2-15 自动铅笔芯、自动铅笔和油性针管笔

# 2.3 雕刻机台

用得比较多的雕刻机台是木结构的，方便实用，价格较低；也有操作者根据自己的习惯制作的雕刻机台，其功能大同小异。雕刻木机台及其功能布置图分别如图 2-16 和图 2-17 所示。

图 2-16 雕刻木机台

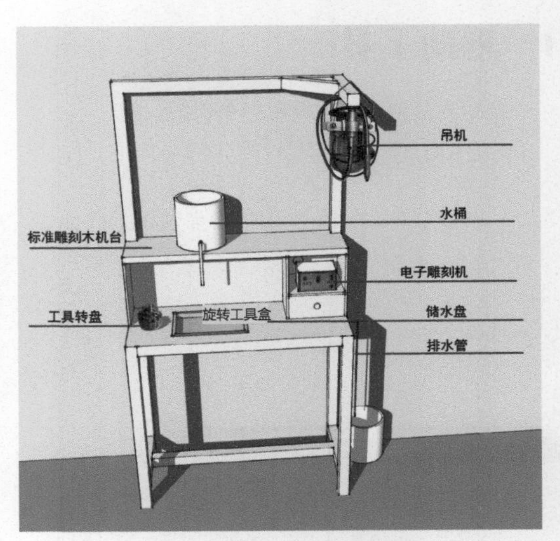


图 2-17 雕刻木机台功能布置图

# 2.4 苏州横机

横机有两种：一种是苏州横机，另一种是普通横机。两者可更换金刚砂轮等工具，对玉石进行雕刻、打磨和抛光。苏州横机是上海、苏州一带常使用的机器设备，无级变速，扭力大，噪声小，节能，抗干扰，操作方便。其电压为220V，功率为 380 ~ 700W，转速为 12000r/min。普通横机的电压为 220V，功率为 370W，转速为 14000r/min。两者如图 2-18 所示。

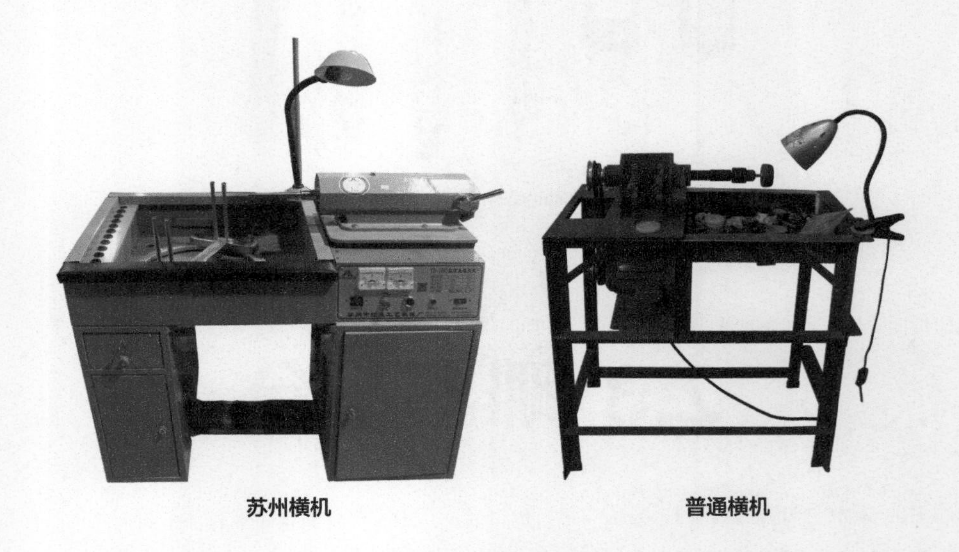


图 2-18 苏州横机和普通横机

# 2.5 电脑雕刻设备

智能化雕刻大大节约了人力成本，容易实现产量化、标准化。

## ◆ 2.5.1 电脑雕刻机

电脑雕刻机（数控雕刻设备）是目前比较快速的量产雕刻设备，有三轴电脑雕刻机、四轴电脑雕刻机、五轴电脑雕刻机等。其雕刻精密度可达 ±0.01mm，整机功率为 1800W，主轴功率为 1500W，主轴转速为 0 ~ 24000r/min。三轴、四轴电脑雕刻机工作图如图 2-19 所示，五轴电脑雕刻机工作图如图 2-20 所示。

五轴电脑雕刻机

三轴电脑雕刻机工作图

四轴电脑雕刻机工作图

图 2-19 三轴、四轴电脑雕刻机工作图（箭头为工作移动方向）

工作中的五轴电脑雕刻机

图 2-20 五轴电脑雕刻机工作图

## ◆ 2.5.2 雕刻软件

智能雕刻具有以下优点:（1）精准度高，且方便调整数据、修改模型;（2）节省材料，可最大限度地利用材料;（3）工作效率高、工期短；（4）可标准化、批量化进行生产。智能雕刻使用到的软件有 ZBrush、Autodesk Maya、北京精雕等。使用软件生成三维模型后，转换形成雕刻刀路的编程数据，再通过数控设备进行智能化雕刻工作。

## ◆ 2.5.3 电脑雕刻工具

电脑雕刻工具有进口的和国产的两种，有钨钢刀、白杆雕刻针、黑杆雕刻针等，半径为 0.3 ~ 1.0mm，杆直径为 4 ~ 6mm，砂长为 16 ~ 35mm，如图 2-21 所示。

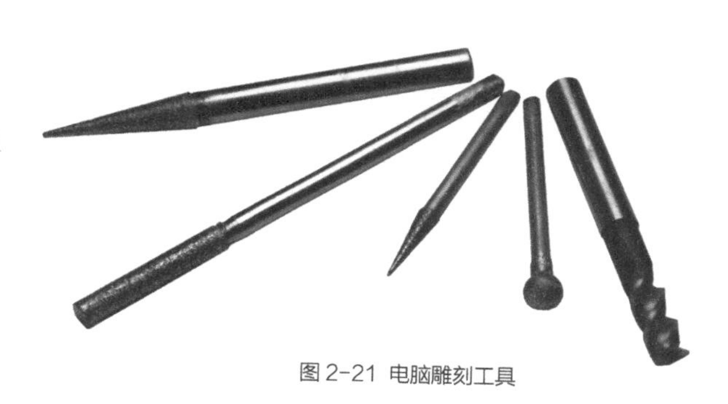

图 2-21 电脑雕刻工具

# 2.6 抛光设备

抛光是玉石加工的最后一步。玉石雕刻完成后，通过抛光工艺对玉石表面进行打磨处理，使之呈现玉石本身的透明度和光泽。抛光主要会用到横机、吊机、震筒、超声波清洗器等设备。

## ◆ 2.6.1 震筒

震筒用于水晶、玛瑙、玻璃等硬度比较高的材质的抛光，整体为全钢板结构，无污染，耐磨、耐腐蚀，工作胶面不易脱落。震筒的直径尺寸为 26.6 ~ 100cm。震筒如图 2-22 所示。

震机磨料有圆形的、三角形的，也有用核桃壳做磨料的，尺寸从 3mm × 3mm 到 10mm × 10mm 不等，用于完成不同种类的石材或者不同工序的抛光工作。震机磨料如图 2-23 所示。

图 2-22 震筒

图 2-23 震机磨料

## ◆ 2.6.2 超声波清洗器

超声波清洗器可用于清洗玉石、首饰、眼镜、精密仪器配件、牙模等，如图 2-24 所示。其超声控制时长为 0 ~ 20 分钟，超声频率为（28 ~ 40）kHz，功率为 60W，单相电源电压为 200 ~ 240V。

图 2-24 超声波清洗器

## ◆ 2.6.3 其他抛光工具和材料

其他抛光材料包括油石砂条、砂纸、无砂铁钉、竹签、砂胶磨头、羊皮磨头、牛皮磨头、毛刷、工业酒精和酒精调和物、金刚石研磨膏、抛光粉、蜡等，如图 2-25 至图 2-35 所示。抛光工艺详见第 3 章。

油石砂条的规格为 60 ~ 3000 目，需将其切割成大小合适的细条状，以便精细打磨抛光。

注意：目是物理学术语，指筛网每英寸（25.4mm）长度中的网孔个数；目数越大，说明物料粒度越小，目数越小，说明物料粒度越大。

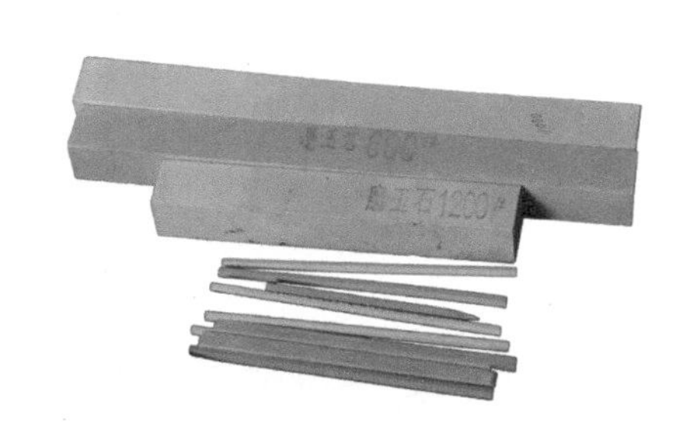

图 2-25 油石砂条

图 2-26 砂纸

图 2-27 无砂铁钉

图 2-28 竹签、砂胶磨头

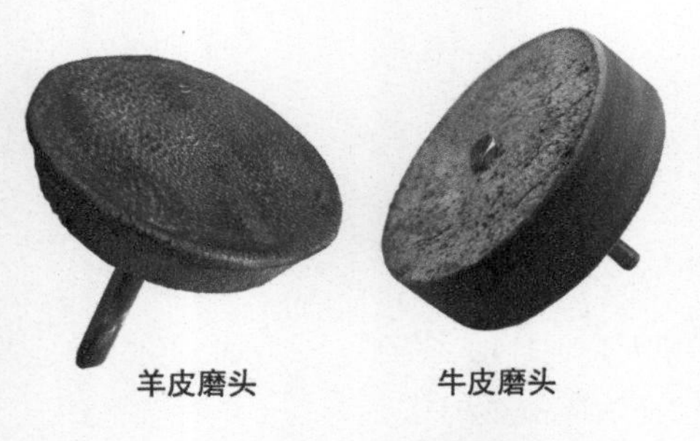


图 2-29 羊皮磨头、牛皮磨头

图 2-30 毛刷

图 2-31 力士片

图 2-32 工业酒精和酒精调和物

图 2-33 金刚石研磨膏

图 2-34 抛光粉

进口翡翠专用蜡呈翠绿色，结晶明显，明亮通透。抛光用蜡有川蜡和进口蜡两种，无毒无味，无明显结晶或有较明显的结晶，颜色有微黄和洁白两种。用锅煮蜡比较方便快捷，如图 2-36 所示。

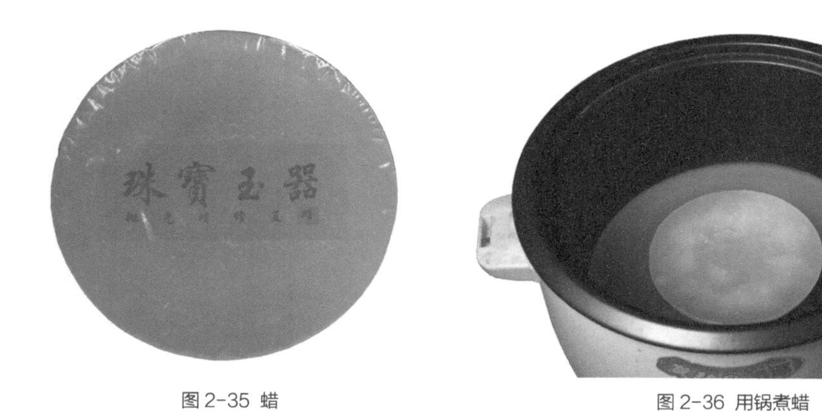


图 2-35 蜡　　图 2-36 用锅煮蜡

# 2.7 其他设备

玉石加工工艺种类繁多，每种工艺都有对应的设备，此处仅介绍几种常用的其他设备。

## ◆ 2.7.1 打孔机

打孔机用于对高硬度玉石、珍珠、木料等进行打孔，速度快，操作简单。其电压为 220V，电机功率为 120 ~ 480W，主轴转速为 2800 ~ 22000r/min。图 2-37 所示为台式打孔机。

图 2-37 台式打孔机

## ◆ 2.7.2 喷砂机

喷砂机主要用于玉石加工，其作用包括去皮、抛光、打造亚光、金属去毛刺、电镀等，如图 2-38 所示。

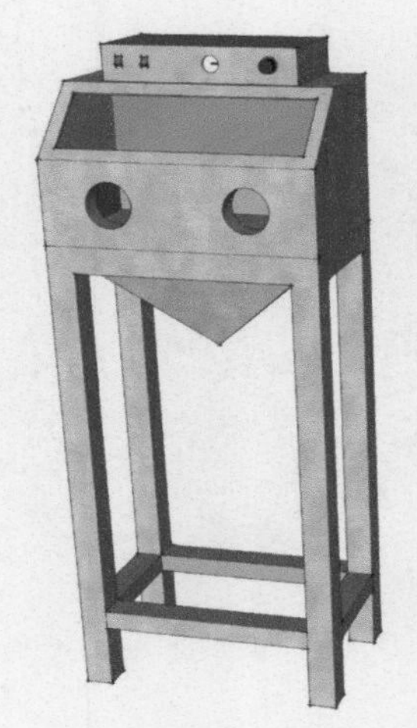


图 2-38 喷砂机

## ◆ 2.7.3 磨平机

磨平机配合各类粗细砂金刚石磨盘，可针对玉石等材质进行平面打磨修平、去皮、打胚等处理。磨平机如图 2-39 所示。

其电压为 220V，功率为 370W，转速为 1400r/min。

图 2-39 磨平机

## ◆ 2.7.4 手镯成型机

手镯成型机，用于将各种玉石加工成型，利用金刚石套管磨棒对片状石料进行切割、钻孔、打磨，将其加工成手镯、戒指及平安扣等，如图 2-40 所示。其电压为 220 ~ 380V，主轴功率为 550 ~ 750W，转速为 1400r/min，下压行程为 100mm。

图 2-40 手镯成型机

# 第3章

# 玉雕工艺流程详解

CHAPTER 03

雕刻工艺按材料的类型可分为石雕、砖雕、木雕、竹雕、根雕、牙雕、骨雕、微雕等。雕刻绝大多数是做减法，玉雕是石雕的一种，本章重点介绍玉雕工艺的流程。

# 3.1 审石

审石是玉雕工艺流程之一。要将一块玉石做成一件玉器，首先就要进行“审石”，或者叫“相玉”。“审”即看，先了解玉石，以判断其质量和外形特征，而后确定创作什么题材的作品；或者已经有了要创作的题材，根据题材来筛选合适的玉石。所以“审石”是至关重要的。

审石也是设计的过程之一，要考虑构图、章法、布局、纹饰等，在艺术上做到有格调、讲意境；在饰纹上讲究以瑜掩瑕或反瑕为瑜；在俏色运用上追求俏、巧、绝，发挥原材料的质地美，做到分色巧用。

本章仅以翡翠材料为例介绍玉雕工艺流程。就翡翠来讲，缅甸有八大场区、一百多个场口，每个场口开采的翡翠的品质都不一样。品种、品质的多样性正是翡翠的魅力所在。各种翡翠原石如图 3-1 至图 3-3 所示。

图 3-1 带皮的翡翠原石

图 3-2 去皮、抛光后的翡翠原石

图 3-3 翡翠原石明料

## ◆ 3.1.1 绘制图稿

玉雕是一门雕刻技艺，它受材料的影响非常大，每块材料都有其独特的性质，包括形状、大小、色彩、水头、质地等。设计对玉雕而言是至关重要的，绘制图稿则是设计的直接表现方式。绘制图稿通常需遵循两个创作原则：一是综合材料本身因素，如量料取材、因材施艺、挖脏避绺、化瑕为瑜、俏色巧用等；二是运用好呼应、气场、起承转合、空间、阴阳、虚实、对称、均衡、色彩等美学规律。

设计绘图会贯穿雕刻过程的始终，玉石在雕刻过程中会出现各种变化，比如出现了在设计前用肉眼无法发现的棉、裂、色等问题。创作者要从玉石的特征出发，及时调整方案，这是玉雕的特别之处，也是玉雕的有趣之处。

### ◆ 3.1.2 确定方案

经过深思熟虑后确定设计稿，就可以着手准备制作了。

图 3-4 所示的《文殊菩萨》是张青兰创作的作品，下文以此作品为例，介绍玉雕工艺流程。

图 3-4 《文殊菩萨》 作者：张青兰

## 3.2 开料

开料是玉料加工的第一道工序。怎么开料要看材料的大小特征，原则是最大化利用玉料，尽量减少对玉料的破坏。

开料之后的玉料切割统称为切石。切石工序较为简单，即用工具切掉设计图轮廓以外的部分，还要挖去瑕疵，剔除有碍设计的“砂丁”等。玉石上的瑕疵如图 3-5 所示。

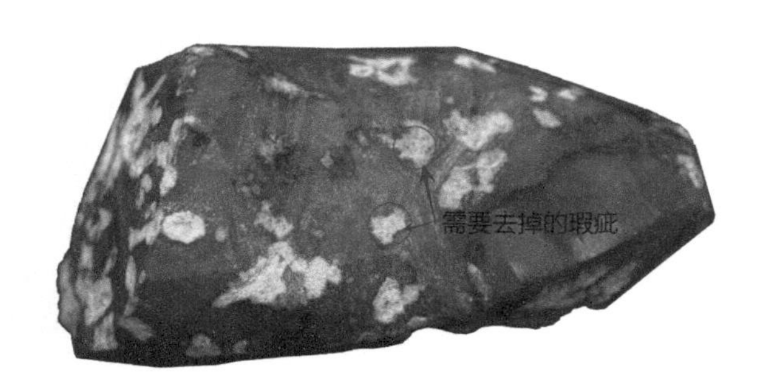


图 3-5 玉石上的瑕疵

## ◆ 3.2.1　切大裂

在切石的过程中会遇到玉料的某部分有一道或几道比较大的裂的情况，无法通过雕刻遮盖时，只能沿着裂的走向实施切石，切开后再重新审石、设计。可以先把不需要的部分剔除，再实施下一步的加工，力求达到最完美的效果。图 3-6 中玉石的表面能看到很明显的裂。

图 3-6 裂

## ◆ 3.2.2　切初型

切初型是指对玉石进行切割和简单雕刻处理后，使其具备成品的大体面貌。图 3-7 所示为初型。

图 3-7 初型

# 3.3 切初胚

切初胚是指根据玉石加工的要求，按照描样的线条去掉玉石上多余的部分，初步形成玉雕作品的基本造型。图 3-8 所示为初胚。

# 3.4 切中胚

切中胚是指按照设计要求将玉石初步雕琢出具象的型。中胚要达到和设计稿 80% 左右的相似度。因为玉雕是做减法，所以每一步都要考虑清楚，减多了无法弥补，不去掉多余部分就达不到效果。因此，切中胚环节是玉雕过程的关键。铅笔在玉石上绘图后容易被擦掉，涂上定画液能让铅笔的痕迹不容易被擦掉（定画液的配方为工业酒精加力士片）。图 3-9 所示为中胚。

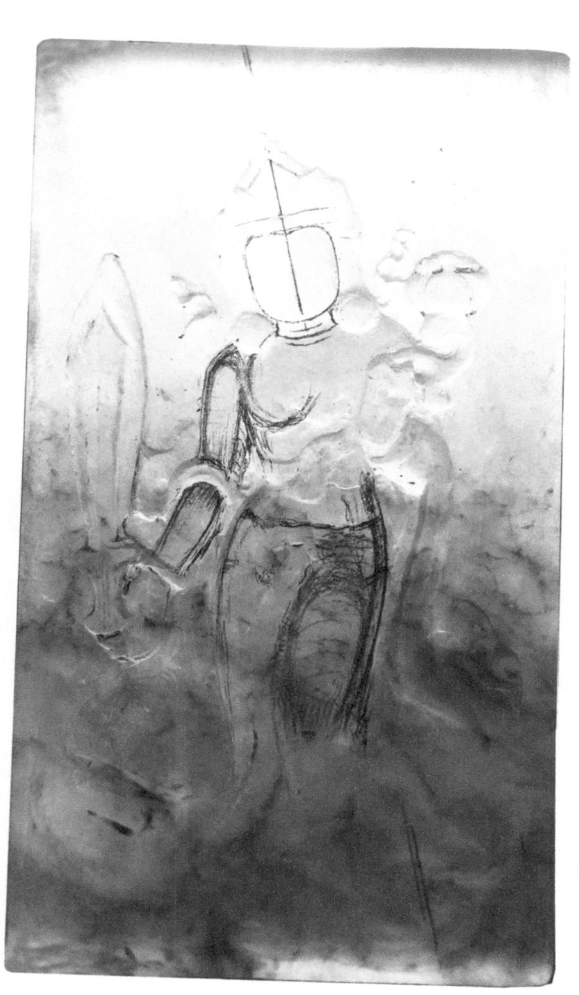

图 3-8 初胚

图 3-9 中胚

## ◆ 3.4.1 琢磨

玉雕过程中，每雕一步都要考虑空间、结构、比例等关系。如果遇到玉石出现棉、色、裂等问题，就需要进行二次设计。创作浮雕作品，要在微小的空间里做出变化，如图 3-10 所示。

图 3-10 调整空间

## ◆ 3.4.2 调水头

调水头是指在雕刻时，将玉石磨薄或磨出弧面，增强其透光性并增大其受光面积，以提高折射率。调水头可以使玉石更容易出“水”，使其看上去有荧光效果，增强玉石“珠光宝气”的特性。图 3-11 中的箭头表示创作者为提高玉石的折射率，对玉石表面和雕刻主体调整弧度的方向。

图 3-11 利用弧面调水头

# 3.5 细工

细工就是对玉雕造型进行进一步精细雕琢的过程。细工前和细工后的造型分别如图 3-12 和图 3-13 所示。

图 3-12 细工前的造型

图 3-13 细工后的造型

## ◆ 处理肌理效果

处理肌理效果是根据对象的外部组织纹理、排列、结构等特征进行特殊处理，使其产生粗糙感、光滑感、颗粒感、纵横交错感、层次感或软硬感等效果（此作品不需要处理肌理效果）。

# 3.6 精修

精修是指在细工的基础上进一步精细修饰。一些容易磕碰损坏的细微部分和难雕的镂空部分在最后完成。如果需要镂空处理，可先完成抛光部分，然后再镂空，之后再进行补充抛光。因为雕完再抛光，作品可能会因为外部压力而损伤。精修和抛光完成后的效果分别如图 3-14 和图 3-15 所示。

图 3-14 精修效果

图 3-15 抛光后效果

# 3.7 抛光

抛光分为手工抛光和机器抛光，不同地区的抛光步骤和抛光使用的材料有所不同，这里仅介绍其中部分抛光步骤。

抛光是玉雕中非常重要的环节。我们将玉石精雕细磨后，玉石会显得粗糙，不够细腻，荧光效果表现不明显，也显示不出玉石晶莹剔透的美感；只有经过抛光处理，玉石才能呈现出温润光洁的外表，才能展现出气质美和价值。

抛光的步骤包括上膏、粗抛、精抛、打造高光、清洗、煮蜡等，经过这几道工序之后，玉器会变得光滑细腻、色泽明亮、透光性强。下面以水沫玉青蛙为例，介绍抛光工艺流程。图 3-16 所示为水沫玉青蛙抛光前后的效果。

抛光前

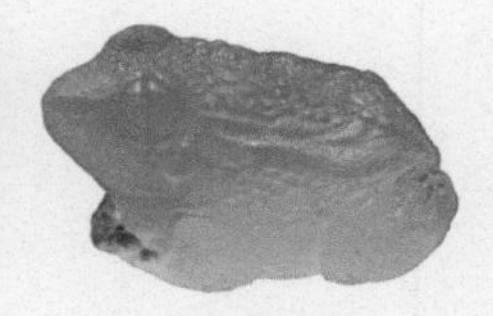

抛光后

图 3-16 水沫玉青蛙

## ◆ 3.7.1 手工抛光

手工抛光指用砂胶制成的各种形状的工具，根据玉石的不同结构进行打磨，可以将玉石表面粗糙的地方打磨得细腻、光滑、平整。手工抛光可以根据玉石的质地选择性抛光，如玉石材料的质地较差，砂胶就得从 240 目开始打磨；玉石材料的质地较好，则直接从 400 目开始打磨。这种打磨方法效率高，初学者要经过一定训练才可熟练掌握。砂胶磨头的制作工艺如图 3-17 至图 3-19 所示。

**首先用酒精灯把砂胶烤软，并将其固定在工具上，然后开机转动，趁着砂胶柔软时借助刀片和酒精灯瓶身调整形状**

图 3-17 砂胶磨头的制作工艺 1

**在制作砂胶磨头的过程中调整刀片的角度，可制作出不同的工具**

图 3-18 砂胶磨头的制作工艺 2

**形状调整好后，可以在表面上加点水，让砂胶快速冷却、定型**

图 3-19 砂胶磨头的制作工艺 3

## 上膏

上膏指在雕好的玉石表面涂上一层红色的膏状体（配方：红色碳素墨水、力士片、工业酒精），如图 3-20 所示。上膏主要是确保在全方位打砂时没有遗漏的地方。

图 3-20 将调好的膏状体涂抹在玉石表面

## 粗抛

### 1. 打砂

用 400 ~ 2000 目的油石砂条反复研磨表面，直至其变得细腻、光滑、平整、有微弱的光泽。抛光用的油石是一种含有油质的岩石，具有细密坚韧的特质。把油石砂条切成适合抛光的大小，然后将其一头在砂盘上磨出斜面或者尖角等，以打磨不同形状的玉石，如图 3-21 和图 3-22 所示。油石砂条打磨的速度较慢，适用于打磨绿松石、玛瑙、白玉、黄龙玉等软玉，但其方法简单，初学者容易掌握。

图 3-21 手工打磨

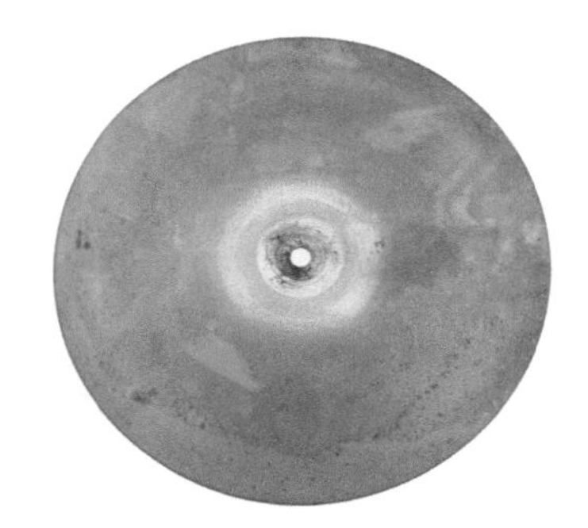

图 3-22 砂盘

### 2. 上铁钉

铁钉又称钻磨，主要用于打磨油石砂条打磨不到的位置。上铁钉就是用蘸有金刚石研磨膏的铁钉对玉石细部进行抛光，图 3-23 所示为使用铁钉抛光。

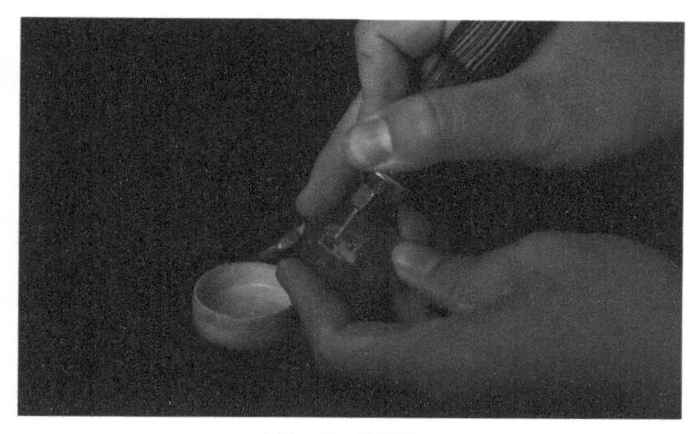

图 3-23 铁钉抛光

### 3. 上砂纸

上砂纸指利用粗细不一的砂纸将玉石的大面积打磨好，用小目砂纸到大目砂纸各打磨一次，为下一道工序做准备。粘贴在砂轮上的砂纸如图 3-24 所示。

图 3-24 粘贴在砂轮上的砂纸

### 4. 上毛刷

上毛刷指将钻石粉、金刚石研磨膏涂在玉石的表面，然后用棕毛刷反复刷磨，直至玉石表面泛起亮光为止。上毛刷用于大面积粗抛光，要根据块面和线条来抛光，不能破坏玉石原有的轮廓和线条。图 3-25 所示为将毛刷固定在横机上打磨抛光。

图 3-25 将毛刷固定在横机上打磨抛光

### 5. 上牛皮

上牛皮是指在玉石表面涂上经过调和的钻石粉后，用硬皮磨头（多用牛皮磨头）来抛光，如图 3-26 所示。

图 3-26 牛皮磨头抛光

## 精抛

精抛是指用竹子、筷子等材料制成的工具，蘸上调和后的钻石粉进行抛光。竹子制成的抛光工具可以处理其他工具抛不到的位置。

制作竹签工具时一般选用稍粗的竹子，用刀具将其削成圆条状，以方便卡在雕刻机的卡头上，如图 3-27 所示。

竹签工具大致有图 3-28 所示的几种形状，可根据要抛光的玉石细节调整其大小和形状。

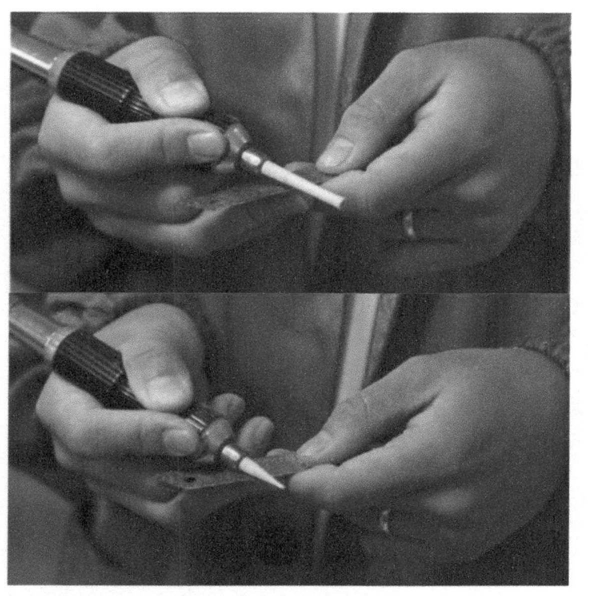

图 3-27 竹签工具的制作

图 3-28 竹签工具的主要形状

注意用刀片塑形的时候需要对刀片的方向进行调整。

### STEP 01

**开动机器，用刀片顺着竹条方向削减，调整出需要的形状。**

### STEP 02

**用刀片的尖端对着竹签的尖端，削小凹槽。**

### STEP 03

**准备一个平整的硬物，用竹签尖端向硬物平面戳几下，直到竹签尖端变得平整。**

## STEP 04

制作好需要的形状，蘸上抛光粉，就可以抛光了。STEP 01至STEP 04的过程如图3-29和图3-30所示。

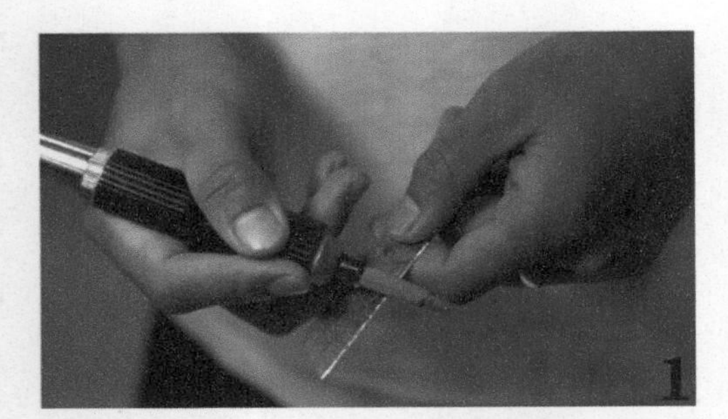

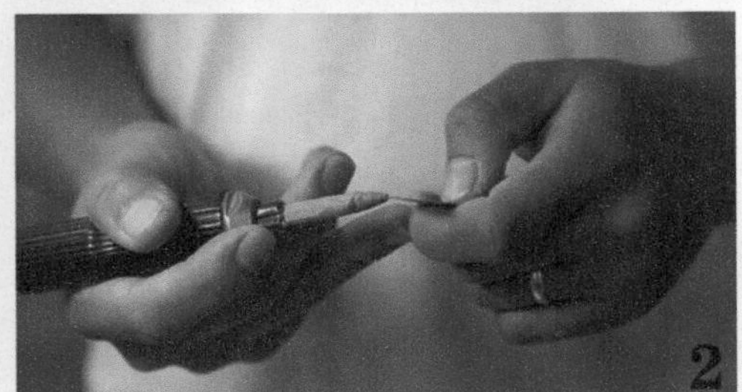

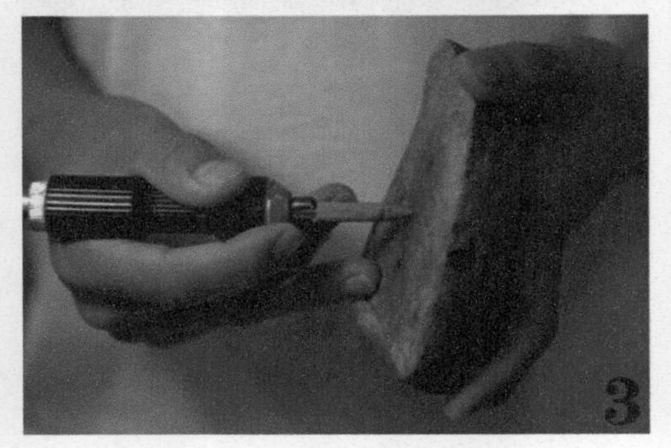

图 3-29 竹签工具的制作步骤

图 3-30 用竹签工具抛光

竹节中间的一层硬膜可以用来抛表面平整的玉石，如图 3-31 和图 3-32 所示。

图 3-31 抛光示意图

图 3-32 抛光工作图

## 打造高光

高光又称镜面光泽，玉雕过程中主要用牛皮磨头配合抛光粉为玉石打造高光。

## 清洗

将完成抛光的玉石上面残留的抛光粉等清洗干净，主要用超声波清洗器、牙刷等工具来清洗，如图 3-33 和图 3-34 所示。清洗不到的地方用酒精冲洗。

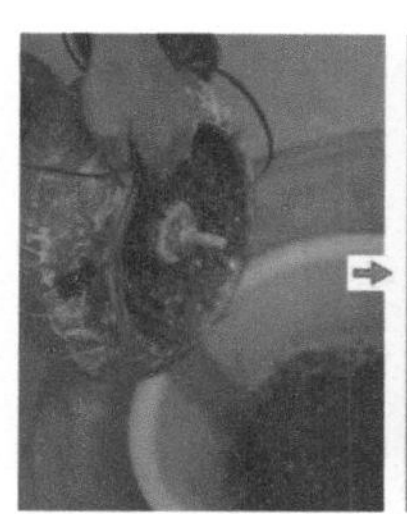

图 3-33 超声波清洗器清洗

图 3-34 牙刷清洗

## 煮蜡

煮蜡的目的是使玉石更温润光亮。其方法是先将石蜡放到容器（如电饭锅等）里，将其加热到熔化后，保持恒温，再将抛光后的玉石放入容器里，使得玉石的每个部位都能浸泡在蜡中，浸泡一段时间后将玉石取出。煮蜡可以很好地掩饰玉石表面的缺陷。煮蜡的时间要根据玉石材料的特征来控制，时间不能过长，否则会导致玉石泛白等，影响其质地。煮蜡的温度不能过高，否则会导致玉石破裂。也可以用吹风机的热风吹热玉石，以去掉其表面多余的蜡，达到上蜡的效果，如图 3-35 所示。为了防止热量散失，可以用毛巾包裹风筒，以围成一个封闭空间，如图 3-36 所示。

图 3-35 用吹风机的热风吹热玉石

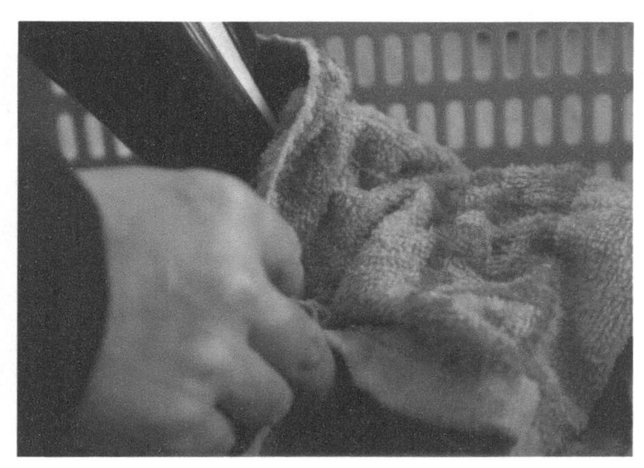

图 3-36 在风筒上盖上毛巾，让热量不容易散失

## ◆ 3.7.2 机器抛光

机器抛光是指用机器代替传统手工打磨，其优点是方便快捷、数量大、效率高、简单，缺点是容易使原有的线条及轮廓模糊或变形。机器抛光一般针对雕刻比较简单、不容易模糊、没有纹饰细节、数量庞大的玉石，比如珠子、戒面、平安扣等。图 3-37 所示为戒面。

图 3-37 戒面

### 震粗砂

在震桶里加入陶瓷砂、适量的水、400 目的金刚砂（见图 3-38）和需要进行抛光的玉石，然后打开机器即可（抛光时间根据玉石材料进行控制，翡翠抛光一般需要 8 ~ 10 小时），如图 3-39 所示。

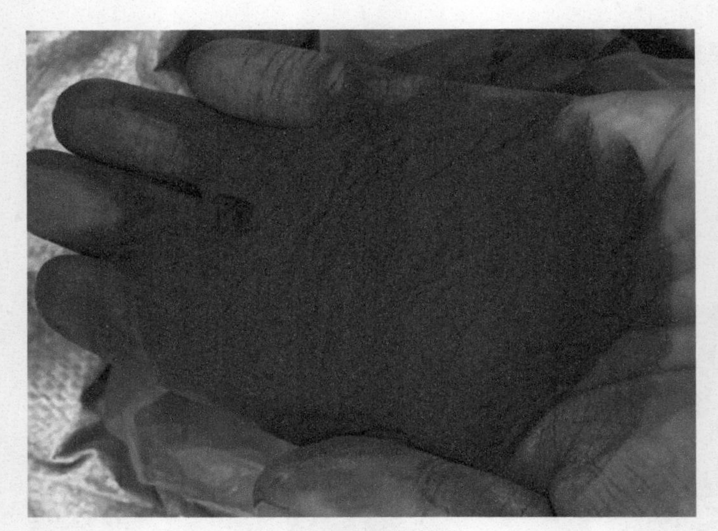

图 3-38 400 目的金刚砂

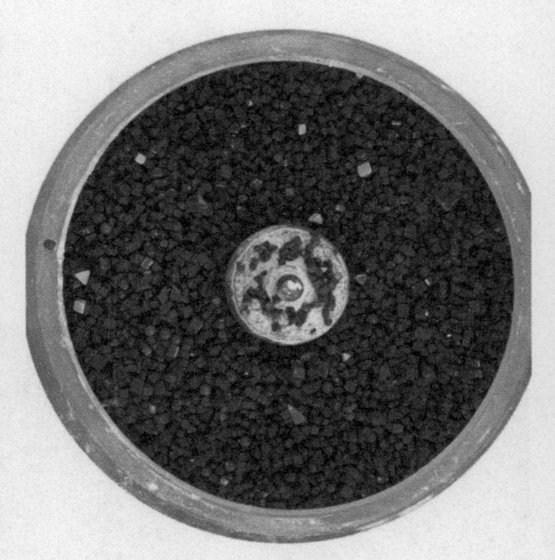

图 3-39 震粗砂

震桶主要用于水晶杂石、玛瑙、玻璃、人造石、其他石类及贝壳、骨头化石等的抛光，需借助金刚砂、抛光粉和抛光蜡等抛光辅料进行抛光。机器产生周期性的振动，玉石在振动过程中产生翻转从而实现抛光的目的。

## 震细砂

震完粗砂之后，在震桶里加入清水把砂和玉石清洗干净，加入适当的水和 600 目（或 800 目）的金刚砂（见图 3-40），打开机器即可（抛光时间根据玉石材质控制在 10 ~ 15 小时），如图 3-41 所示。

图 3-40 600 目的金刚砂

图 3-41 震细砂

## 震冷光

震完细砂之后，将玉石捞出清洗干净，在一个干净的震桶里加入水、陶瓷砂、冷光粉，开机即可（根据玉石光泽，时间可控制在 20 ~ 36 小时）。

## 人工处理

震机虽然可以代替部分人工，但抛完后的效果不一定很理想，可能会有没有抛亮的地方，这时就需要人工处理一次，以达到更好的效果，如图 3-42 所示。

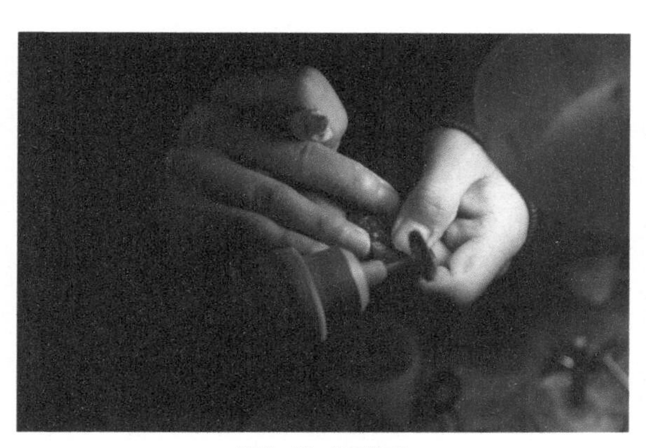

图 3-42 人工处理

## 清洗

将抛光完成的玉石上面残留的抛光粉等清洗干净，主要用超声波清洗器、牙刷等工具来清洗，清洗不到的地方用酒精冲洗。

## 煮蜡

将完成抛光的玉石进行煮蜡即可。

# 第4章

# 玉雕工艺

CHAPTER 04

玉雕技法很多，主要是运用工具来塑造形体和表现效果。在雕刻工具的使用上，遵循“先大后小、先粗后细”的原则，且不管使用什么样的工具都应遵守“大道至简”的原则。根据玉料和雕刻题材的不同，工艺表现形式也不同，本章将介绍几种主要的玉雕工艺。

# 4.1 线雕工艺

线雕指用勾线的方法，在玉石表面勾勒线条的雕刻形式。线雕工艺对“线”的要求比较高，通过线条的组合、深浅变化、虚实变化、疏密关系等来表现复杂的空间关系，如图 4-1 所示。

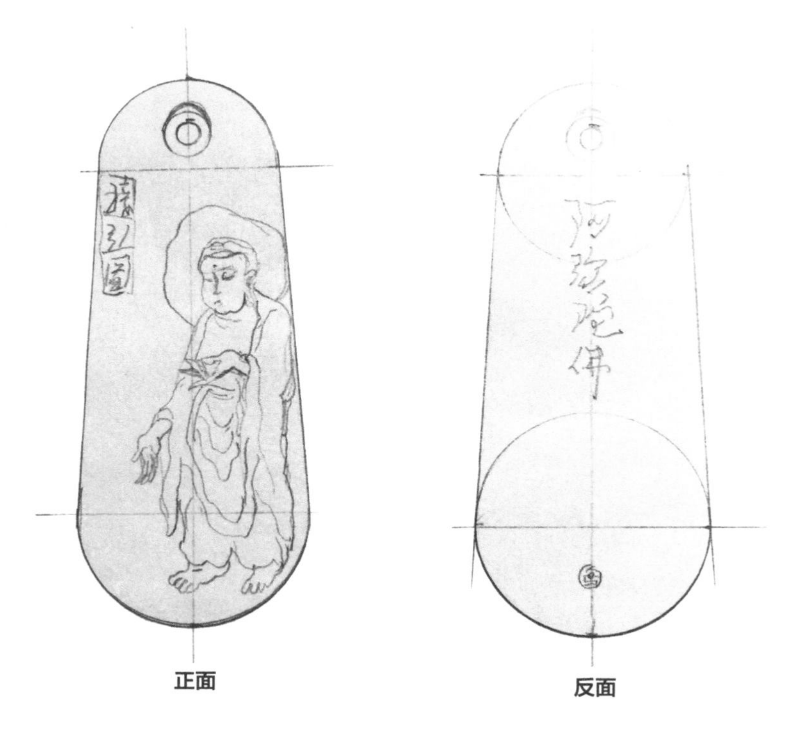


图 4-1 《接引图》设计草图 作者：高人老师

根据设计图找到合适的料子，开料、调整器型，如图 4-2 和图 4-3 所示。

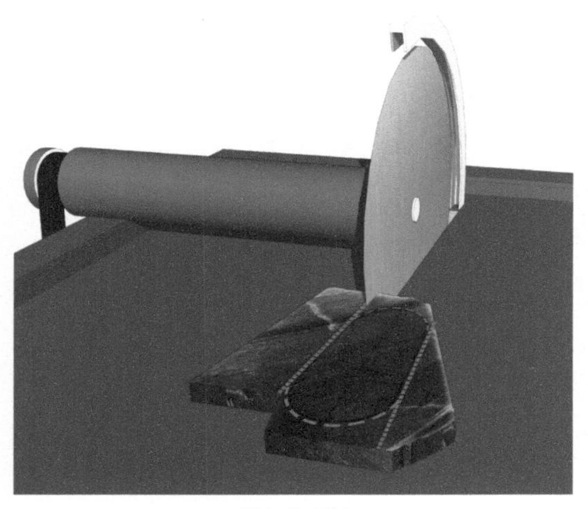

图 4-2 开料

图 4-3 开料、调整器型

在调整好器型的玉石上确定构图，画出需要雕刻的图案，如图 4-4 所示。

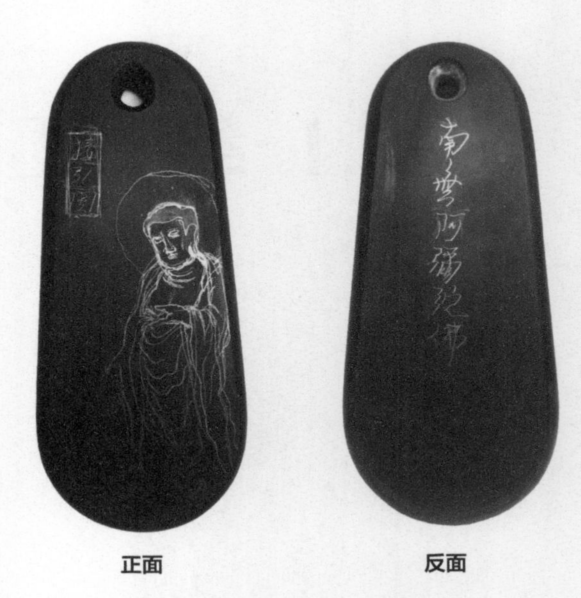


图 4-4 画稿

用薄片、三角钉头等工具，顺着画好的图案进行勾勒，根据设计草图调整雕刻线的深浅和粗细变化，如图 4-5 和图 4-6 所示。勾勒要顺畅，用刀要肯定，线雕的深度要根据设计草图来控制，一般在 2mm 左右。

图 4-5 勾线前和勾线后

图 4-6 勾线

调整雕刻线的深浅、虚实及线的韵律。用黑色的笔在黑色或深色材料上画图时，图案在雕刻过程中很难显示清楚，可以用白色或其他亮色的油漆笔、粉末（在雕刻、研磨过程中，从玉石表面剥离的粉状物汇聚在一起，形成白色的粉末）等在上面涂抹一层，这样能更直观地看出雕刻效果，以便及时调整。勾完线后的效果如图 4-7 所示。

先用钉头磨头根据绘制的图案刻线，注意把握雕刻线的虚实、深浅、粗细变化，再用枣核形磨头把边缘倒成弧面，注意转折的饱满度，如图 4-8 所示。

**正面**

**反面**

图 4-7 勾完线后的效果

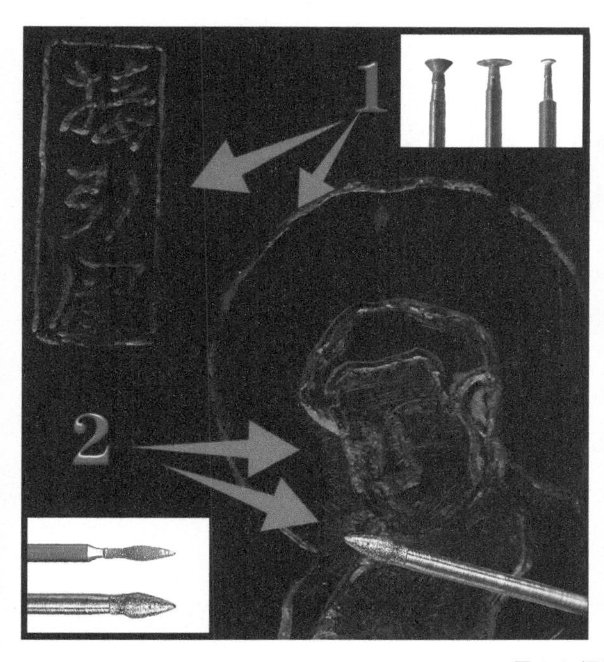


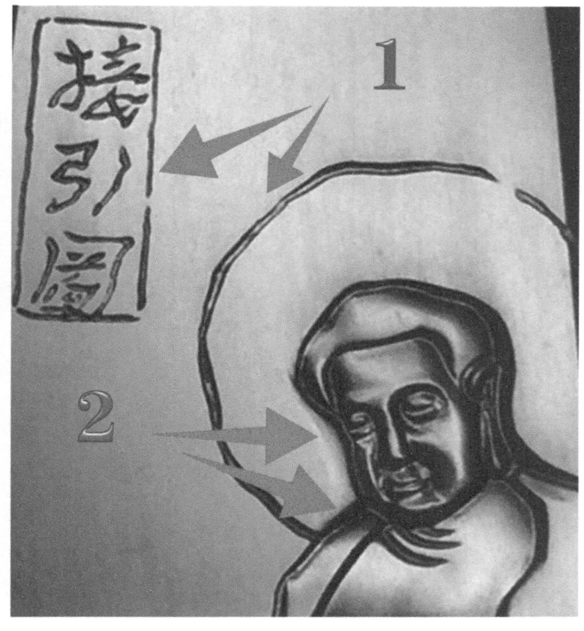


图 4-8 调整线的变化

此作品以线雕为主，局部采用浮雕工艺，结合光影更显体积感和空间感，如图 4-9 所示。线雕和浮雕有时会配合使用，以实现更佳的效果。

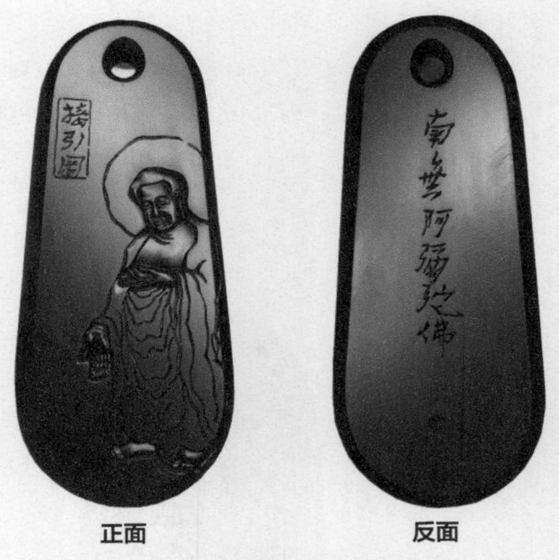


图 4-9 《接引图》 作者：高人老师

# 4.2 浮雕工艺

线雕的雕刻深度深一点，再增加立体的转折关系就形成了浮雕。浮雕分为浅浮雕、中浮雕和高浮雕，如图 4-10 所示。

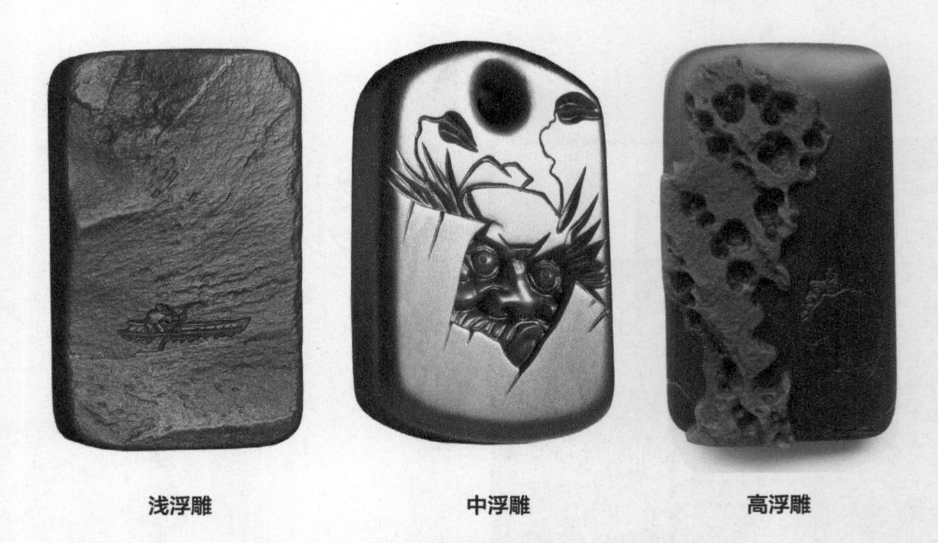


图 4-10 浅浮雕、中浮雕和高浮雕 作者：高人老师

## ◆ 4.2.1 浅浮雕

浅浮雕是使雕刻图案浅浅地凸出来或凹进去，用压缩空间的办法来处理对象。浅浮雕的雕刻深度较浅（2mm 左右），层次关系少，常用线面结合的方法及透视、错觉等手法，打造抽象的压缩空间。浅浮雕结合光影来表现结构关系和层次关系，可以增强画面的体积感，如图 4-11 所示。

图 4-11 《江海寄余生》 作者：高人老师

## ◆ 4.2.2 中浮雕

中浮雕介于浅浮雕和高浮雕之间，比浅浮雕更有立体感，比高浮雕空间起伏小一些。《美人鱼》就是一件中浮雕作品，其设计稿如图 4-12 所示。

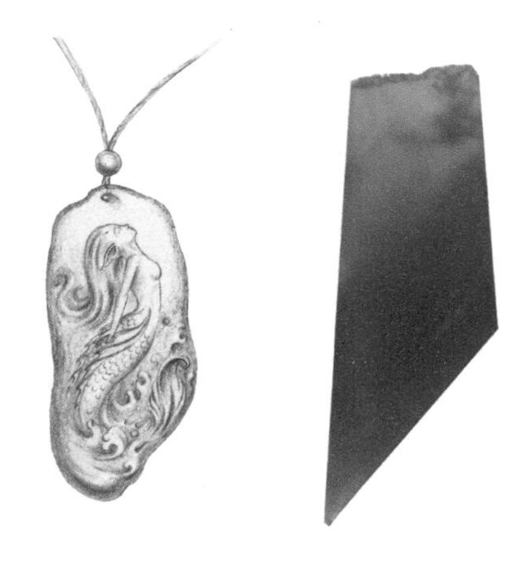

图 4-12 《美人鱼》设计稿

STEP 01

**开完料后，用喇叭形磨头压出高低位，如图4-13所示，注意把面磨平整、顺畅。图中的几种磨头都可以完成这个步骤。**

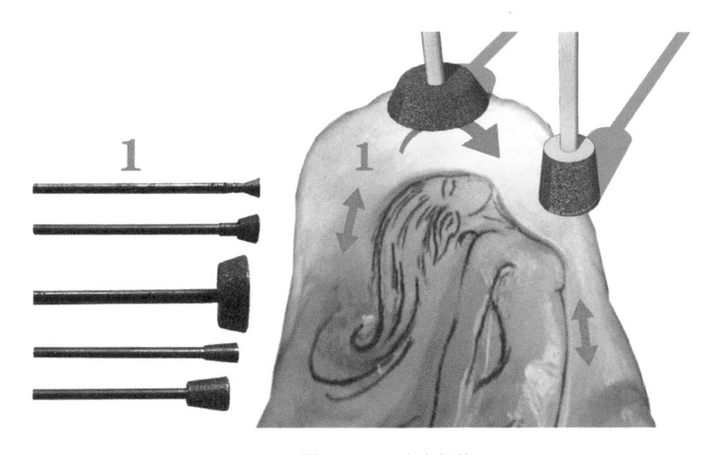


图 4-13 压出高低位

## STEP 02

用喇叭形磨头沿着虚线箭头所指方向把人物身体和材料的边缘棱角倒成弧面，注意弧面的饱满度。

## STEP 03

用毛笔形磨头把面修顺畅，如图4-14所示。

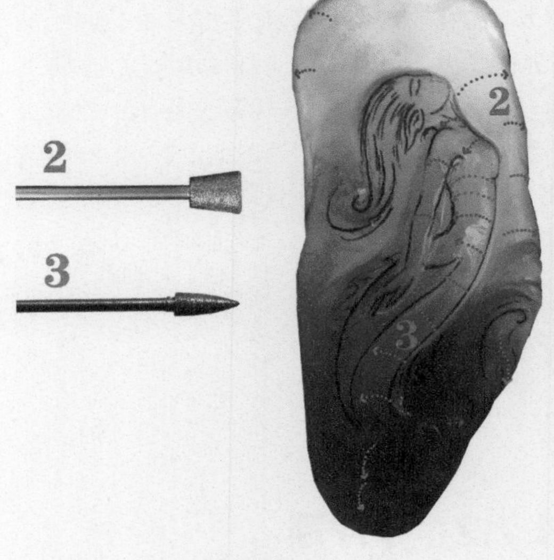


图 4-14 倒成弧面

## STEP 04

用圆球形磨头沿着虚线方向雕刻凹下去的弧面，如图4-15所示。

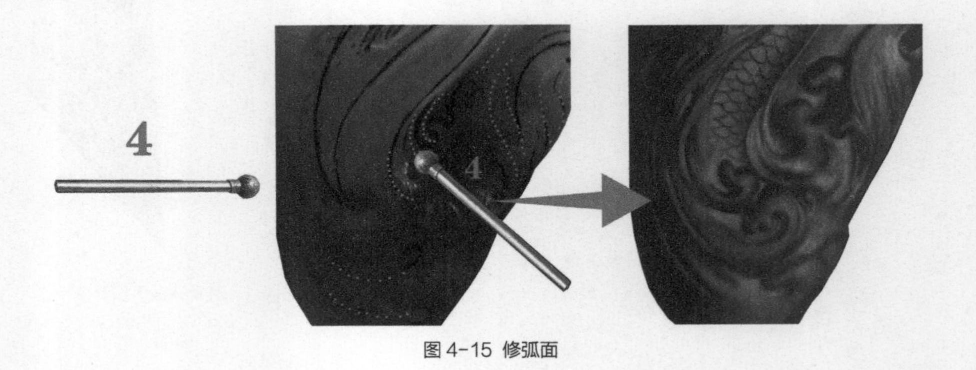


图 4-15 修弧面

## STEP 05

用薄片形磨头沿着虚线雕刻鱼鳞纹理。

## STEP 06

用小喇叭形磨头压出鱼鳞之间的高低层次。

## STEP 07

用毛笔形磨头、枣核形磨头把雕刻痕迹磨掉，使表面整齐、顺畅。注意：磨头的使用要跟着形体转折走，这样才能更准确地表现体面的变化。STEP 05至STEP 07的过程如图4-16所示。

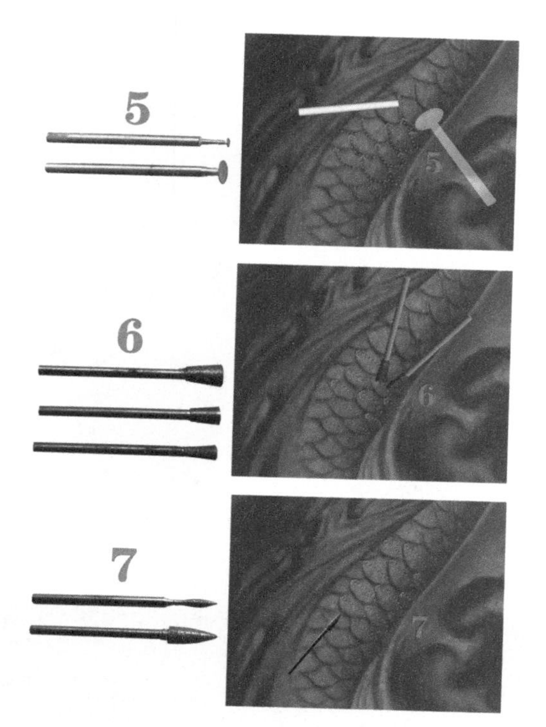


## STEP 08

用小喇叭形磨头雕刻头发和身体，使用磨头雕刻的角度要根据造型而有所变化，如图4-17所示。

图 4-16 磨头的使用

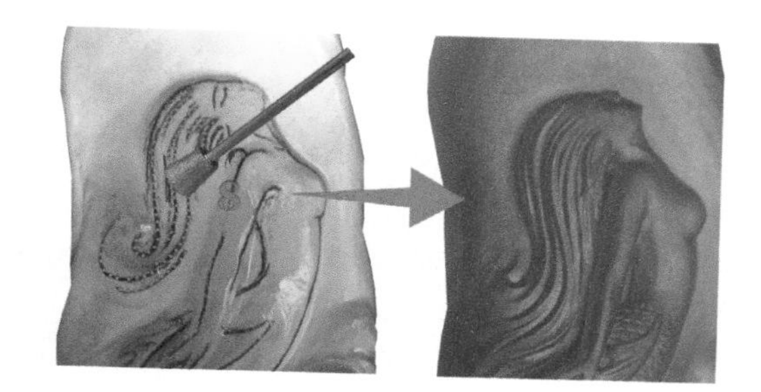


图 4-17 雕刻头发和身体

## STEP 09

人物题材的作品对工艺要求比较高，但凡有一点做得不对，作品看起来就不自然了。因此，创作此类作品要了解人体结构特征、动态和比例关系，进行长时间的练习，积累足够的经验，才能做到材质与题材的高度统一。人物五官是重点表现的地方，常用工具有圆球形磨头、枣核形磨头、薄片形磨头、喇叭形磨头等，如图4-18所示。每个玉雕师在创作的过程中都形成了自己的塑造习惯，雕刻工艺上没有固定的先后顺序，但是作品阶段性完成效果看上去是相同的，如图4-19所示。作品的最后完成效果如图4-20所示。

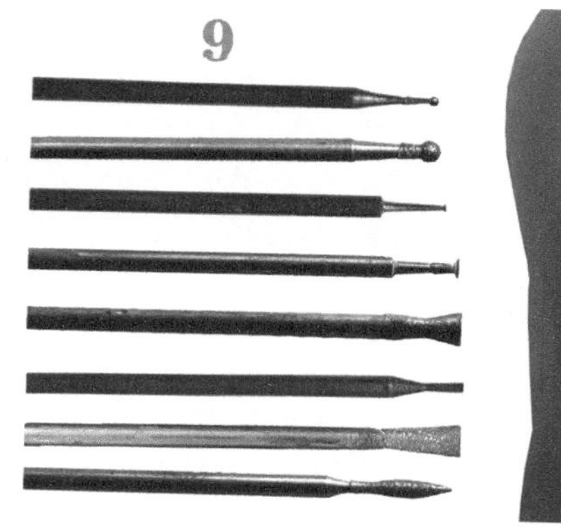


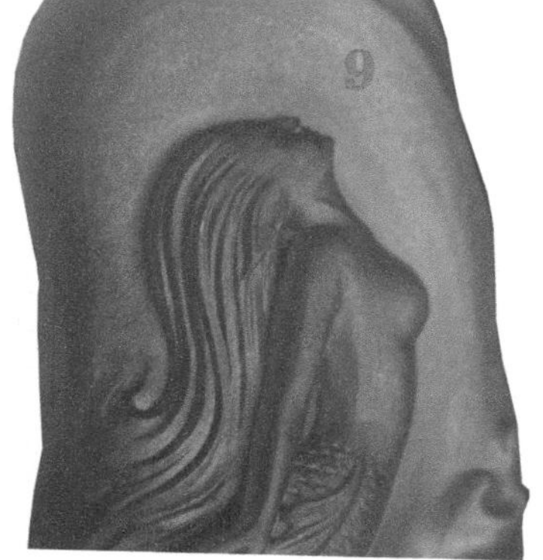


图 4-18 雕刻五官需要的工具

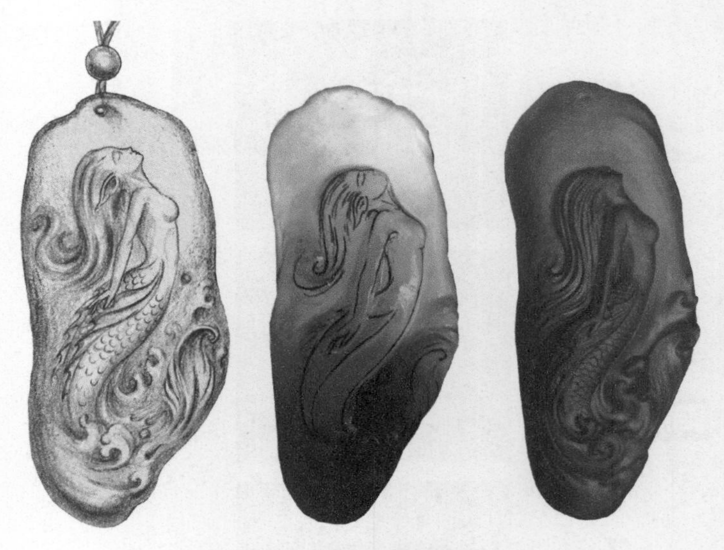

图 4-19 从设计稿到雕刻完成

图 4-20 《美人鱼》 作者：张青兰

## ◆ 4.2.3 高浮雕

高浮雕是使雕刻的图案大大凸出底面的雕刻方法。由于起位较高、形体压缩程度较小，其空间构造特征接近圆雕。高浮雕通过点、线、面、体的塑造表现作品的美。所用原石如图 4-21 所示。

图 4-21 原石

## STEP 01

使用切石机沿着红色虚线部分切除。

## STEP 02

用喇叭形磨头沿着紫色虚线把玉料的棱角面磨掉，STEP 01和STEP 02的过程如图4-22所示。

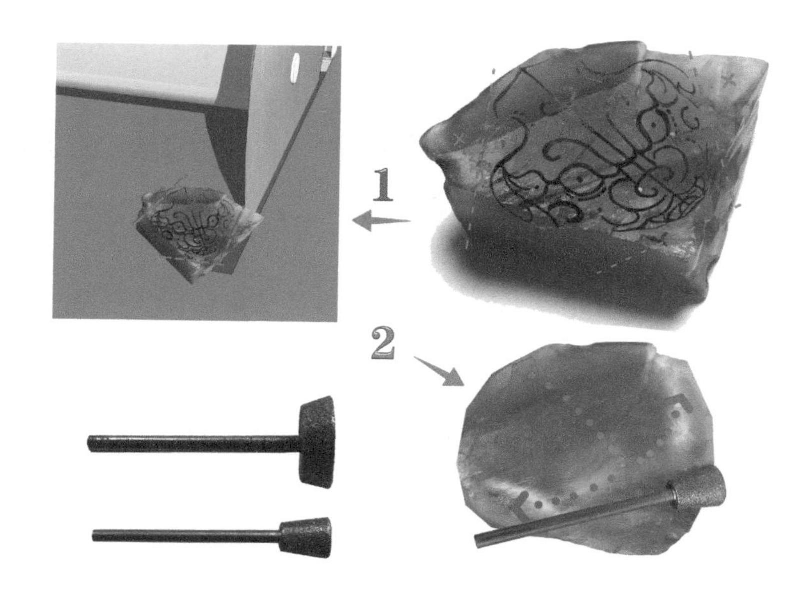


图 4-22 开料、雕大型

## STEP 03

用圆球形磨头沿着红色虚线把空间起伏关系雕刻出来。

## STEP 04

用小喇叭形磨头沿蓝色虚线雕刻近乎直角的部位，注意线条的流畅性。粉色虚线是主线，是兽头的主要结构线；蓝色虚线是辅线，代表结构的厚度。

## STEP 05

用枣核形磨头、毛笔形磨头把大的弧面修顺畅，把不需要的棱角倒圆，去掉磨头留在玉石表面的痕迹。STEP 03和STEP 05的过程如图4-23和图4-24所示。

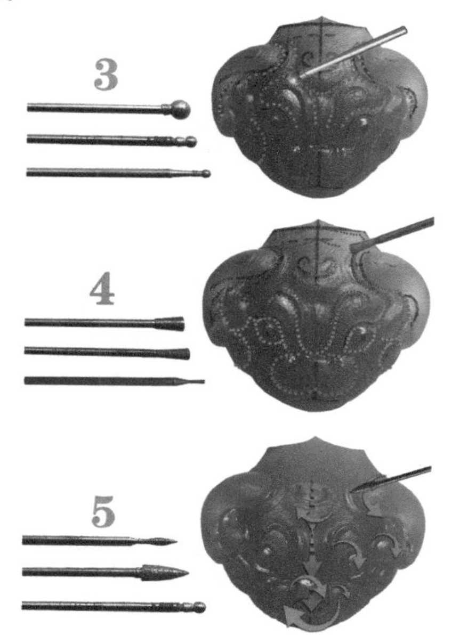


图 4-23 雕刻主要步骤

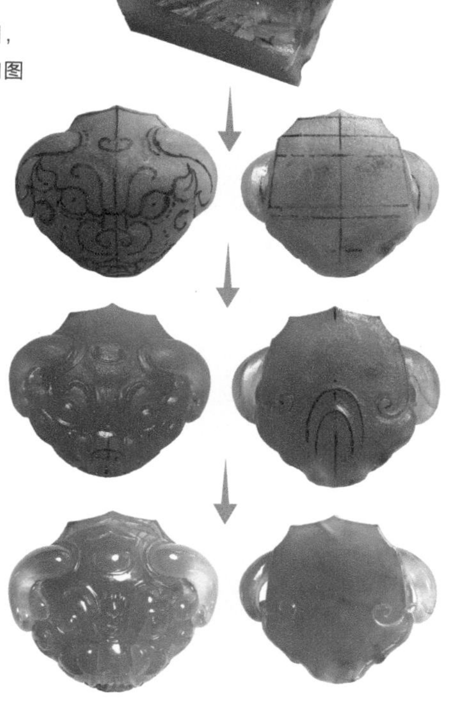

图 4-24 高浮雕工艺流程 《瑞兽》
作者：景媛国际珠宝学院

# 4.3 圆雕工艺

圆雕是三维立体、全方位的雕刻工艺。圆雕的手法与形式多种多样，内容与题材也丰富多彩。圆雕需要从材料的各个角度去推敲它的构图，以打造与表达对象相适应的色彩和比例关系。下面以《真品与赝品》系列之一为例，介绍圆雕工艺。先在玉石上绘制出需要雕刻的部分，如图 4-25 所示。

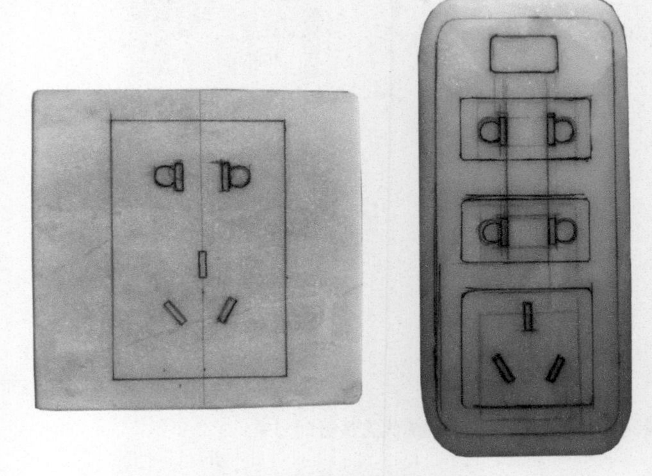

图 4-25 在玉石上绘制雕刻部分

## STEP 01

将喇叭形磨头倾斜45°，沿着玉石边缘雕刻斜角边，用力要均匀，不可以超出设计的边界。

## STEP 02

用打孔针磨头打出需要的深度，打孔时，打孔针要与玉石垂直，切勿倾斜。

## STEP 03

用尖针修整打孔针磨头雕刻不到的直角边。用三角钉雕刻凹槽斜面，雕刻角度要统一，用力要均匀，不可超出设计范围。工艺步骤如图4-26所示。

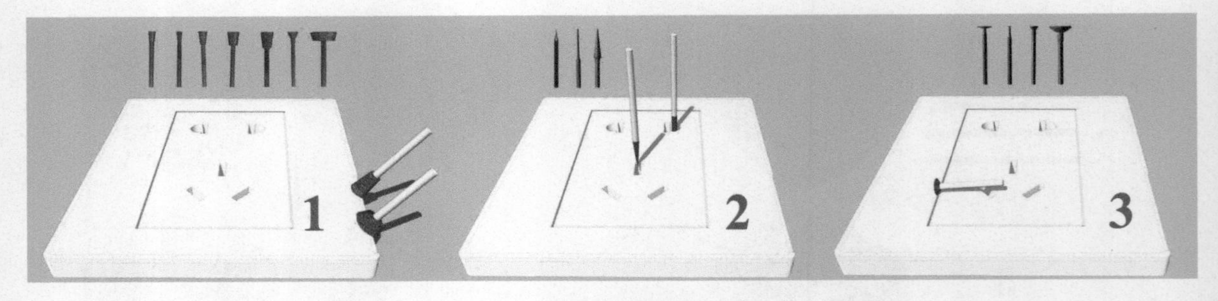


图 4-26 工艺步骤

雕刻完后的效果如图 4-27 和图 4-28 所示。

图 4-27 雕刻后效果

图 4-28 《真石的赝品》系列之一 作者：钟灿文

# 4.4 镂雕工艺

镂雕亦称镂空、透雕，指在木、石、玉等可以用来雕刻的材料上透雕出各种图案、造型的一种技法。镂雕是镂空其背景部分，分为单面雕和双面雕。其工艺流程如图 4-29 至图 4-31 所示，相关作品如图 4-32 和图 4-33 所示。

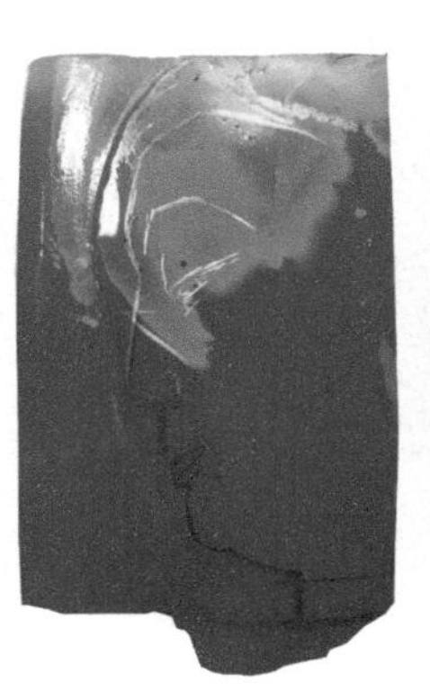

图 4-29 设计和初胚

图 4-30 工艺设计制作

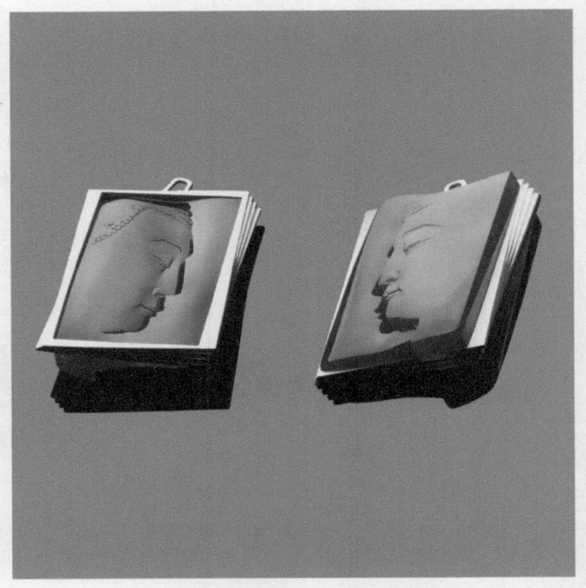

图 4-31 《一页》 作者：许延平

图 4-32 《尘不染》 作者：于丰也

图 4-33 《思岸》 作者：高人老师

# 4.5 巧雕工艺

巧雕，单独一个“巧”字就可以概括其本质，即构思巧、用色巧、雕工巧，给人耳目一新、赏心悦目的感觉。巧雕作品如图 4-34 和图 4-35 所示。

图 4-34 腾冲翡翠博物馆收藏巧雕作品（部分）

图 4-35 《天降财富》 作者：高人老师

# 4.6 玉雕器皿工艺

玉雕器皿是玉雕的一个品种。玉雕器皿分为炉、瓶、壶、塔、鼎、爵、匜、薰等，兼备观赏性和实用性，是在我国的生活器皿的基础上发展起来的。玉雕器皿工艺融合了浮雕、圆雕、镂雕等多种工艺，是传统玉雕工艺里面要求最高的，对材料质地、形状、色泽、大小和整体的造型、对称、比例、结构、空间等要求非常苛刻。

## ◆ 4.6.1 玉雕器皿的图稿绘制

在绘制图稿时要确保造型周正、对称及比例得当，必须运用按部位、对称分解的办法来绘制、制作。

STEP 01

**确定中轴线，再根据中轴线画“十”字线。**

STEP 02

**由上面的“十”字中心，延伸到底部，再确定底部的“十”字线。**

STEP 03

**画出口、肩、肚、脚、底足等结构的位置线。**

本节以《莲鹤方壶》为例，介绍玉雕器皿的雕刻方法和步骤，如图 4-36 所示。

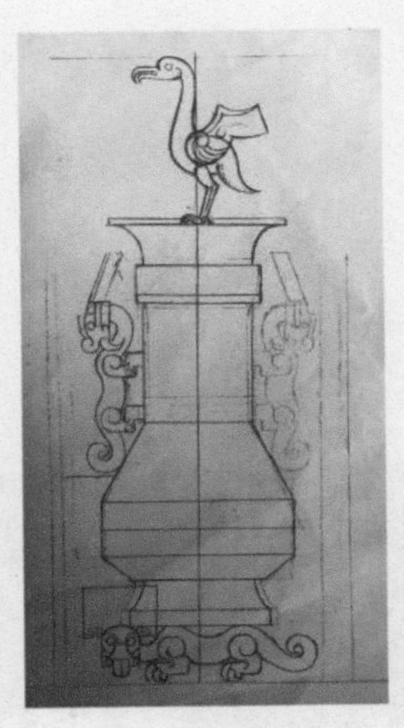
图 4-36 《莲鹤方壶》图稿

## ◆ 4.6.2 壶的坯工工艺

玉雕器皿造型讲究对称，各部位的比例恰当，切割时不能伤到画的线、不可伤料。切壶身初坯时，应先把壶身四个面切成直角，然后切成斜角，最后再倒圆，即由方到圆。这样既省工，又能把握形体结构的准确性和对称性，如图 4-37 所示。

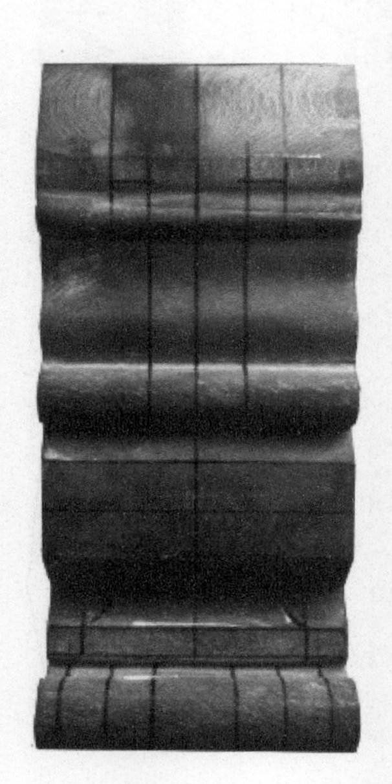
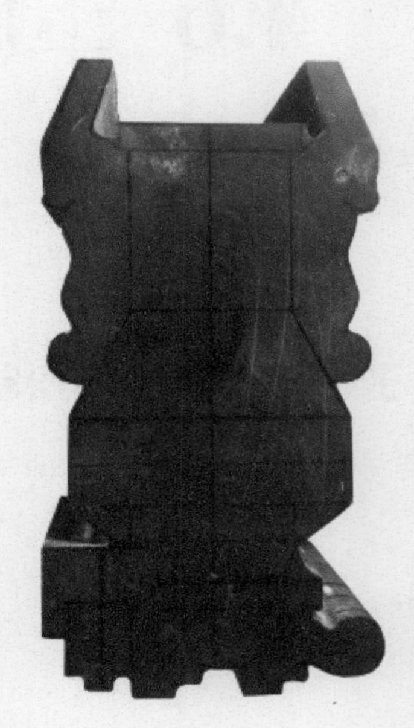
图 4-37 切壶身初坯

## ◆ 4.6.3 壶耳和壶腿的装饰工艺

壶耳由两个兽头构成，其雕刻方法如下。

STEP 01

**在玉石上画好兽头，注意两个兽头要对称。**

STEP 02

**去掉兽头的余料。**

STEP 03

**雕刻兽头的各部分结构。**

壶腿的雕刻方法与壶耳的雕刻方法相仿。

需要注意的是，壶腿上的兽头要与壶耳上的兽头保持协调，纹饰要自然整齐、边线要规矩、层次要清晰、深浅要一致，如图 4-38 所示。

图 4-38 壶耳和壶腿的装饰工艺

## ◆ 4.6.4 壶身的工艺

### 裹圆壶腹

采用标、划、扣的方法将壶腹做出来，如图 4-39 所示。去料时注意工具的吃料深度，以免损坏壶身。

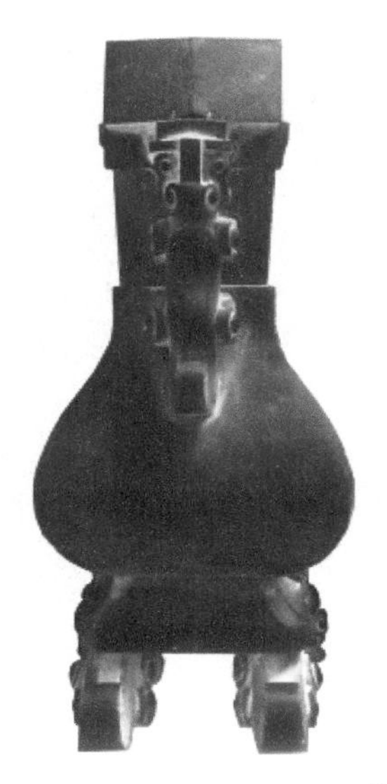

图 4-39 裹圆壶腹

## 壶身装饰

在壶身上画出装饰图案，如图 4-40 和图 4-41 所示，注意左右、前后要对称。

图 4-40 壶身装饰 1

图 4-41 壶身装饰 2

根据壶身上画的图案进行进一步装饰，如图 4-42 所示。

图 4-42 壶身装饰 3

### 打钻掏膛

先在壶口用钻管打钻，再用合适的掏膛工具将壶膛掏好，如图 4-43 所示。

图 4-43 打钻掏膛

注意，壶膛的工艺直接影响到壶瓶产品的价值。壶膛的厚薄程度要根据玉石的质地来决定，能够充分表现出玉石的质地美为最好。青色、灰色、白色的玉越薄越通透。

一要做到掏膛工具与膛腹的形状相符，掏膛工具的大小要比膛口稍小一点，这样既可避免崩口，又可最大限度地掏膛。

二要注意机器的速度，掏壶膛时速度不能太快，转速为 8000r/min 左右，千万不能用高速来掏膛，以免意外事故发生。

三要保证壶膛的厚度一致、着力均匀，不可掏完一处后再掏别的地方。

四要在掏膛的全过程中多检查，用手摸、钳卡、灯光照等方法来检查壶膛的厚薄均匀程度，尤其是壶口、壶颈、壶肩、壶底等处。

## ◆ 4.6.5 壶盖的细节

先将壶盖的盖墙做好，再去除盖膛内的余料。磨好盖膛，使盖膛随外形，并在内膛顶部雕琢盖兽，如图 4-44 所示。

抛光完成后的效果如图 4-45 所示。

图 4-44 壶身、壶盖、盖兽

图 4-45 《莲鹤方壶》 作者：马洪伟

# 4.7 错金银工艺

错金银工艺包括镶嵌和错两种技术，镶嵌是把一物嵌入另一物，错即用厝石（即磨石）对物体加以磨错使之光滑。“错”这种工艺需要耗费大量的时间，而且过程是不可逆的，一旦錾刻失误，整件作品就会直接报废。

在玉石上用错金银工艺，最理想的材料是底色干净的玉石，如碧玉、墨玉、白玉等。玉石底色干净，会增强金、银在器物上的效果；玉石底色太花，则会影响视觉效果。首先把玉石的器型调整好，如图 4-46 所示。

图 4-46 调器型

错金包括制槽（见图 4-47）、镶嵌、磨错系列工艺。

图 4-47《金银错托片》系列设计稿和制槽

制槽指在玉石表面按图案、文字刻出三角形槽或梯形槽（錾刻浅槽，阴刻的深度在 1.5mm 左右），在槽的底面刻凿出麻点，以便嵌入的金属能牢固地附着，如图 4-48 所示。

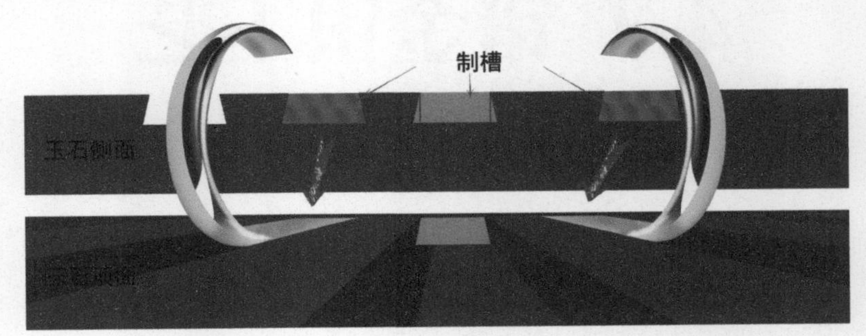


图 4-48 制槽

镶嵌指将金属制成所需的大小、形状，嵌入槽内，捶打压实，如图 4-49 和图 4-50 所示。

图 4-49 拉丝

图 4-50 镶嵌

磨错即用厝石将嵌入的金属磨平，再用皮革、绒布蘸清水反复磨压，使其表面光滑明亮、花纹清晰，如图 4-51 所示。由于手工制槽的宽度都很大，错金银时使用的金银丝也普遍较粗。

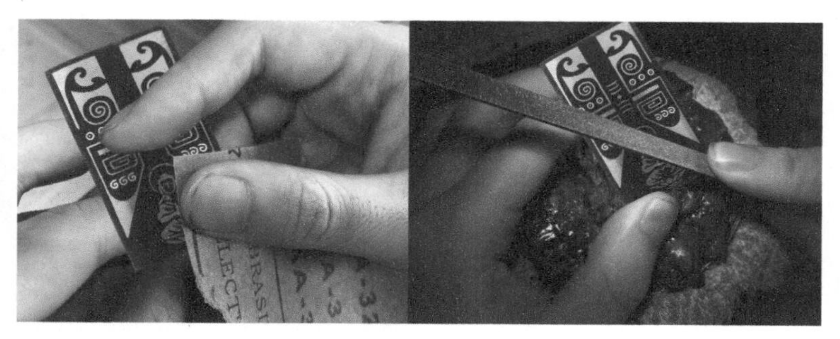

图 4-51 磨错

成品如图 4-52 所示。

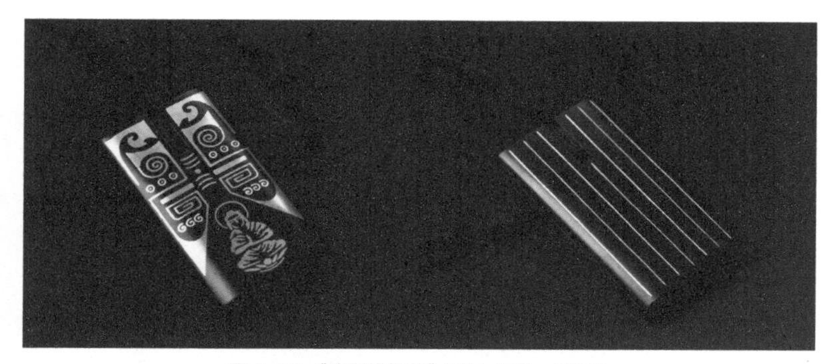

图 4-52 《金银错拓片》系列 作者：杨相象

使用错金银工艺装饰过的器物表面，在金银与玉石的不同光泽、肌理和质感的相互衬托下，显得格外高贵典雅。

# 4.8 镶嵌工艺

玉石镶嵌是一门技术要求很高的技艺。镶嵌，也称屏雕，是指将一个物体嵌入另一个物体中，使两者固定在一起。玉石镶嵌就是运用适当的方法将玉石固定在金属托架上的一种工艺。常见的玉石镶嵌工艺有包镶和爪镶两种。

包镶，也称为包边镶，是用金属材料将玉石周围都圈住的一种工艺，它是镶嵌工艺中效果较为稳固的方法之一。拱面的翡翠、玉石经常使用这样的镶法，如图 4-53 所示。

爪镶是镶嵌工艺中最普遍且实际操作相对简单的一种工艺，也是较为便捷和实用的镶嵌工艺。爪镶可以最大限度地减少对玉石的遮挡，适用范围较广，能够突出玉石的美感，如图 4-54 所示。

图 4-53 包镶 《舞者》系列之《鱼》 作者：王文君

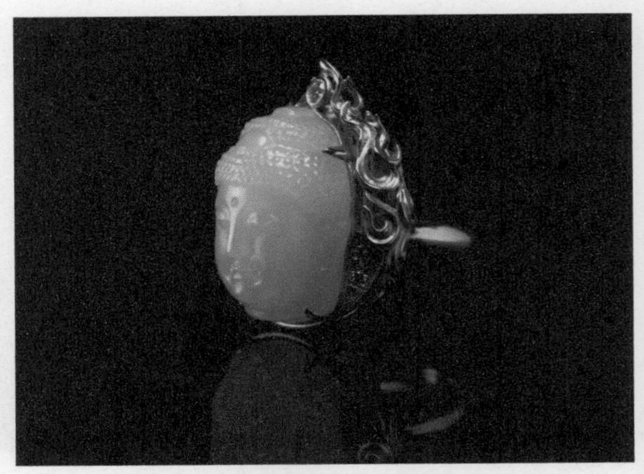

图 4-54 爪镶 《佛》系列之一 作者：王文君

镶嵌工艺的基本操作如下。

## STEP 01

观石。观察玉石的形状及规格，看玉石是否有裂痕，能否承受镶嵌时将受到的压力，如图4-55所示。

图 4-55 观石

## STEP 02

摆石。将玉石摆放在镶口上，看玉石大小与镶口的规格是否匹配，使用爪镶或包镶的方法是否可以完全包裹玉石，能否将玉石固定住，如图4-56所示。

图 4-56 摆石

## STEP 03

定位。用玉石的形状去衡量镶口的规格，确定镶嵌所需的位置大小。然后用牙针将镶口磨成凹形槽，直至能将玉石固定。每个爪的位置一定要磨得平衡一致，不能有高有低，否则镶上玉石后会出现不平的现象，如图4-57所示。

图 4-57 定位

## STEP 04

入石。将玉石放入预先调好的镶口内，确保玉石放置均匀，表面平衡，不会松脱或偏移，而且玉石和镶口要完全吻合，如图4-58所示。

图 4-58 入石

## STEP 05

固石。对放进镶口的玉石进行固定，如图4-59所示。在固定时必须根据玉石的硬度来调整用力大小。在使用钳具时务必均匀用力，用力过大，会损坏玉石；用力不够，可能固石不牢，致使玉石松脱。

图 4-59 固石

## STEP 06

**执模抛光。经过前几道工序后，玉石表面难免留下钳痕、锉痕，因此必须加以修整。在保护好玉石的前提下，用锉、砂纸和抛光磨头对金属进行抛光，这一步叫作执模抛光，如图4-60所示。**

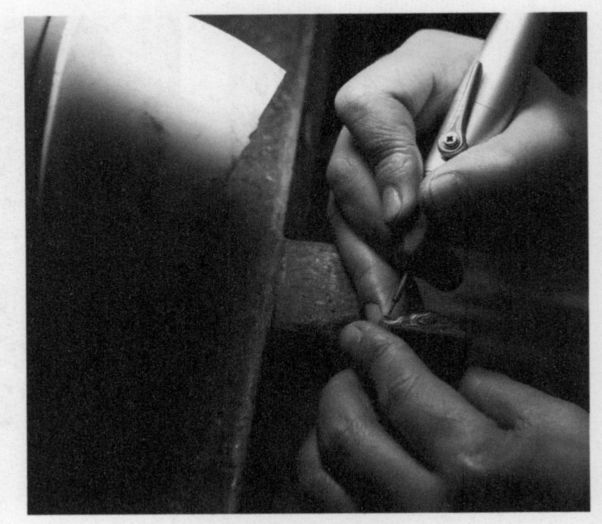

图4-60 执模抛光

作品完成后的效果如图4-61所示。

图4-61 《心经》 作者：制造库－卢葵

注：贵金属工艺请参考本套丛书中的《首饰雕蜡工艺》《首饰金属工艺》《宝石镶嵌工艺》，本章不做详细介绍。

# 第5章

# 玉雕作品的美学规律

CHAPTER 05

玉雕作品的美学规律是带有普遍意义的审美原则，同时蕴含了中国传统哲学，如“阴阳”“虚实”等。玉雕作品从器型到所蕴含的哲学思想都遵循着一定的美学规律。从某种意义上说，中国的玉雕作品是中国传统哲学的产物。

# 5.1 黄金比例

黄金比例又称黄金比，是指按一定的数学比例关系把事物分割为两部分，使其中较长部分与全长之比等于较短部分与较长部分之比，比值是 1:0.618。这个比例常见于绘画、雕塑、建筑等艺术领域。按此比例设计的造型十分美丽、柔和，看上去很舒服，如图 5-1 所示。

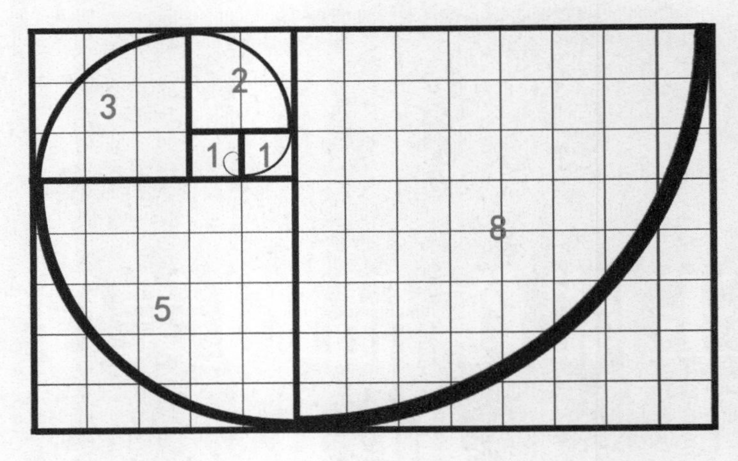


图 5-1 黄金比例

## ◆ 5.1.1 黄金比例的运用——玉雕摆件作品

可以放在公共区域如桌子、柜台或博古架上供人欣赏的玉雕作品，称为玉雕摆件。体积小的玉雕摆件除了可以摆放欣赏外，还可以把玩佩戴；体积比较大的玉雕摆件仅限于欣赏，不适宜佩戴。黄金比例的运用在玉雕摆件设计中尤为重要，如图 5-2 和图 5-3 所示。

图 5-2 黄金比例的运用《相》 作者：高人老师

图 5-3 黄金比例的运用《四君子》 作者：岳建光

## ◆ 5.1.2 黄金比例的运用——小件作品

根据人体工程学和黄金比例，玉石在和人产生接触的时候，3cm × 5cm、4cm × 6cm、5cm × 7cm 的尺寸给人的感觉最为舒适，如图 5-4 所示。

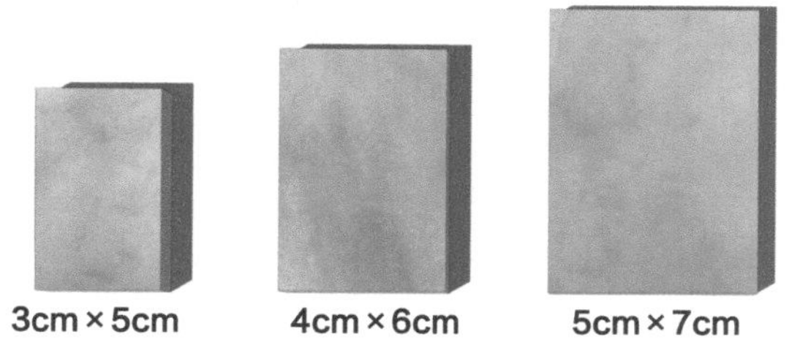


图 5-4 以人体工程学和黄金比例为参考的标准器型

## ◆ 5.1.3 黄金比例的运用——设计

黄金比例是设计必须要考虑的元素之一，包括尺寸比例、空间比例、色彩比例等方面。比例会影响设计元素之间的关系，也会影响视觉效果，如图 5-5 所示。

图 5-5 黄金比例的运用 作者：高人老师

# 5.2 器型

“玉不琢不成器”，要想使玉器达到赏心悦目的效果，首先要把握好玉器的形状。一件作品的好坏在很大程度上是由器形决定的，器形好，作品就成功了一半。

中华民族的祖先们根据生活经验，用陶、瓷、金银、青铜等材料做出生活气息浓厚的器具。经过漫长的岁月磨炼、技术经验的积累，在特定的地域、历史时期，又出现了各具特色的器皿，如炉、瓶、壶、塔、鼎等。玉石因其美丽、高贵、稀有，也被当成一种制作器具的特殊材料，并融合了浮雕、圆雕、镂雕等多种技法，使其兼具观赏性和实用性，如图 5-6 所示。

图 5-6 《莲鹤方壶》 作者：马洪伟

器型，着重指类别，表示群体类型；器形，着重指个别，表示个别外观形状，如图 5-7 所示。

图 5-7 器形

## ◆ 5.2.1 标准器形

以方形、圆形为基本器形，根据黄金比例演变而来的常见器形为标准器形，如图 5-8 所示，相关作品如图 5-9 和图 5-10 所示。

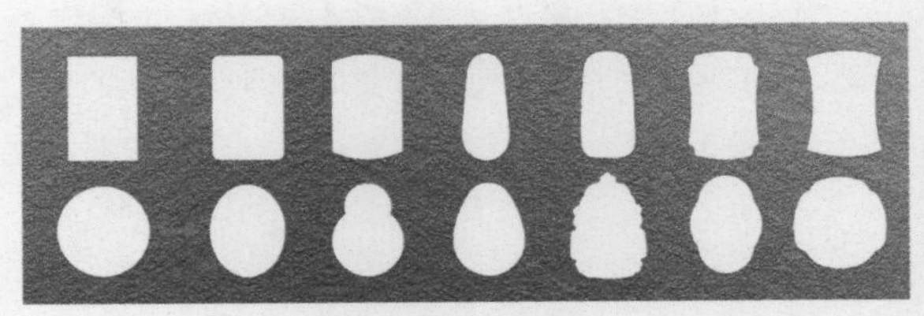

图 5-8 标准器形

图 5-9 圆形标准器形作品 作者：张青兰

图 5-10 长方形标准器形作品
作者：张青兰（左一至左三）、李腾（右一）

## ◆ 5.2.2 藏式风格器形

玉雕师在遵循佛教仪轨的基础上，对器形加以自己的理解和设计，形成了一种特别的器形——藏式风格器形。这种器形给人庄严的感觉，如图 5-11 所示。

图 5-11 藏式风格器形作品 作者：水德堂

## ◆ 5.2.3 随形、异形

有些不规则的玉石不具备调整为标准器形的条件；有些玉石则因为价值高，调整为标准器形会造成损失。对这些玉石，可以根据其特征进行调整，这种调整被称为“随形”“异形”。适合做随形、异形的玉石如图 5-12 所示，相关作品如图 5-13 和图 5-14 所示。

图 5-12 适合做随形、异形的玉石

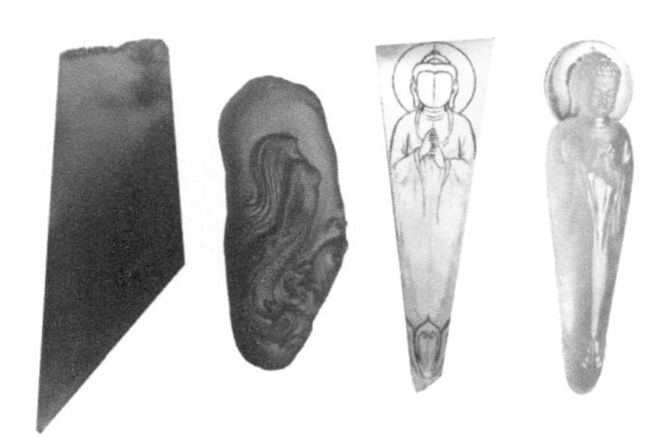

图 5-13 随形作品 作者：张青兰

图 5-14 异形作品 作者：杨相象

# 5.3 设计构图

中国传统哲学研究世界的本源和历史的演变规律，形成了特有的自然观、历史观、伦理观、认识方法等。玉雕设计构图蕴含了中国传统哲学、审美原则，如呼应、气场、空间、起承转合、阴阳、虚实、对称、均衡、色彩等。

## ◆ 5.3.1 呼应

玉雕设计构图中的呼应是指刻画的主次内容在视觉上的互相照应，一呼一应，相互关联，达到内在的气息相通。尤其是小件作品，呼应能使作品内容与形式“凝神聚气”。图 5-15 中的红色箭头表示主次内容之间相互呼应的关系。

图 5-15 呼应 作者：（左）高人老师、（右）张青兰

## ◆ 5.3.2 气场

气场是指人或事物对其周围的人或事物在视觉与心理上产生的影响，是受直觉与错觉共同影响的效果。图 5-16 中，虽然 4 个蓝色部分之间没有直接联系，但是缺角部分暗示了它们之间有一个隐藏的正方形，这就是视觉上的还原。它蕴含着审美的经验与习惯，这就叫作气场，在视觉上也叫正形与负形。

图 5-16 气场

玉雕作品的构图布局，点、线、面、体之间的起伏变化，气息流动，节奏韵律之间的呼应关系，玉雕作品本身和外部空间构成的联系，组成了玉雕作品的气场，如图 5-17 和图 5-18 所示。

图 5-17 气息流动构成的气场 《狐仙》 作者：张青兰

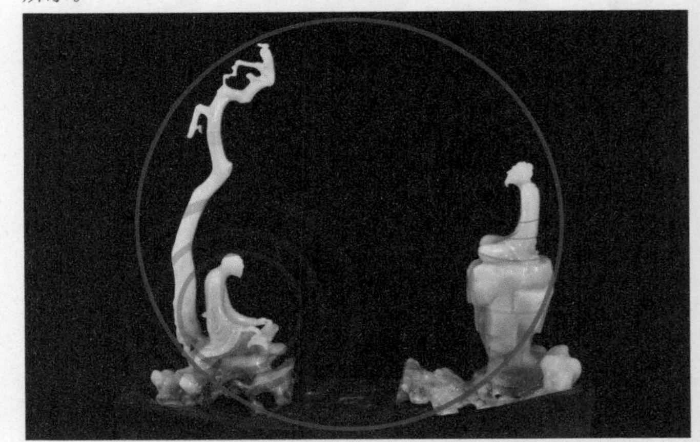

图 5-18 与外部空间共同形成的气场 《知》 作者：于丰也

## ◆ 5.3.3 空间

空间是一个相对概念，空间使物与物之间具有位置差异。玉雕作品外各点的连线会形成一个大空间，如图 5-19 所示。

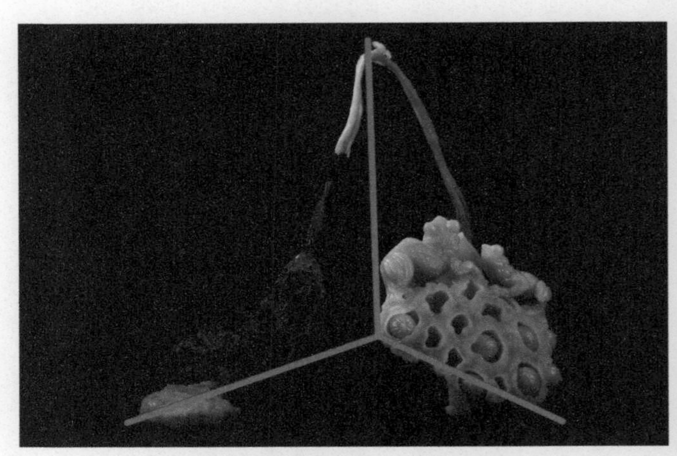

图 5-19 空间 《青蛙与鸣虫》 作者：于丰也

## ◆ 5.3.4 起承转合

“起承转合”是中国诗歌创作常用的结构章法，表现为“起”要平直，“承”要春容，“转”要变化，“合”要渊永。玉雕构图也需要借助起承转合来表现审美情趣、韵律。

在图5-20所示的《庄周梦蝶》中，“起”是万物之始，重在表现故事情节的起因；“承”指承上启下，是“起”的延伸，是故事情节的变化发展；“转”是转折变化，是现实与梦境的掩映；“合”是合笔，即矛盾统一，使作品紧扣主题。

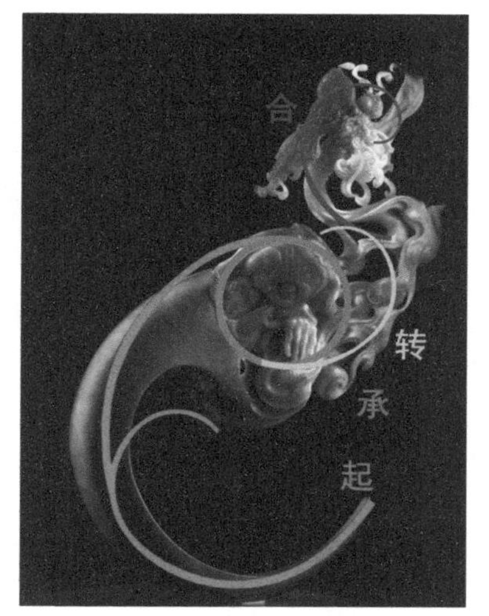


图5-20 起承转合 《庄周梦蝶》
作者：于丰也

## ◆ 5.3.5 阴阳

阴阳是一对基本的对立关系，在玉雕设计构图中，阴阳表现为凸起的阳雕和凹陷的阴雕，如图5-21所示。

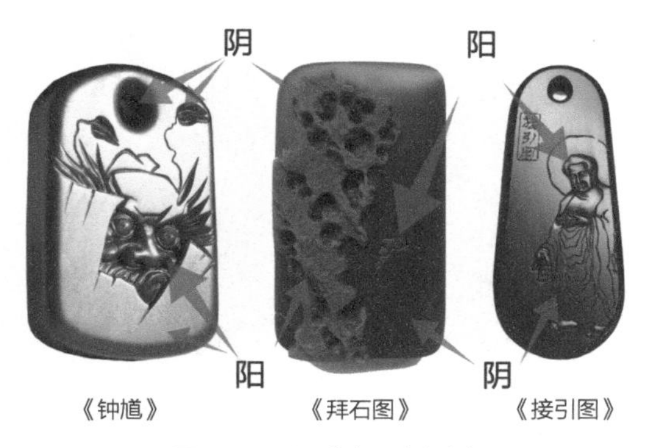


图5-21 阴阳 作者：高人老师

## ◆ 5.3.6 虚实

“虚者空也”，而“实者有也”。“虚中有实，实中见虚，虚实相生相伴。”虚实是一对在传统文化中密不可分的哲学概念，是矛盾的对立统一。玉雕设计构图中常用虚实来表现画面意境，给人以深远的想象空间，如图5-22所示。

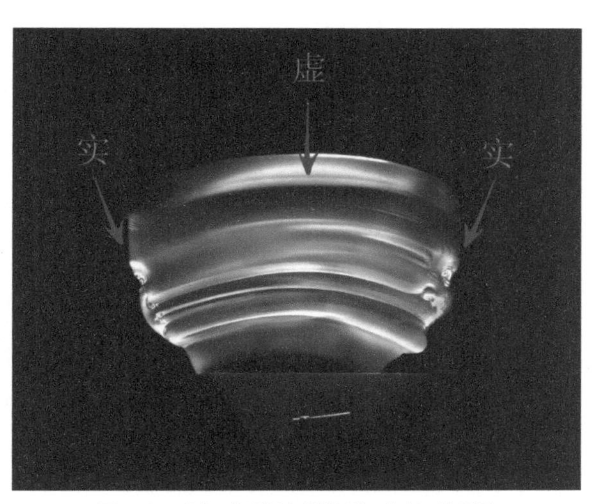


图5-22 虚实 《时间去哪儿了》 作者：许延平

留白也是“虚”，水满则溢，雕得太满则“亏”。留白也可以给观者足够的想象空间，如图 5-23 所示。

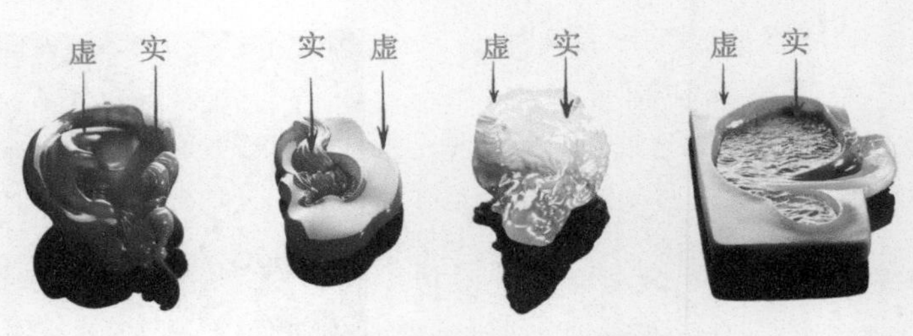


图 5-23 虚实 《洗耳》 作者：许延平

## ◆ 5.3.7 对称

从衣、食、住、用、行等生活领域到诗、词、歌、赋、绘画、书法等艺术领域，都有对称的美学。对称美是普遍存在的，尤其是在传统艺术审美中，对称的物品给人以正直、稳定、规矩、不可侵犯之感。佛教题材的作品一般用对称的构图来表现，突出庄严、肃穆的主题效果。对称不是绝对的物理平衡，而是一种动态平衡，具有一定的变量，在逻辑性上和阴阳平衡的观念近似，如图 5-24 所示。

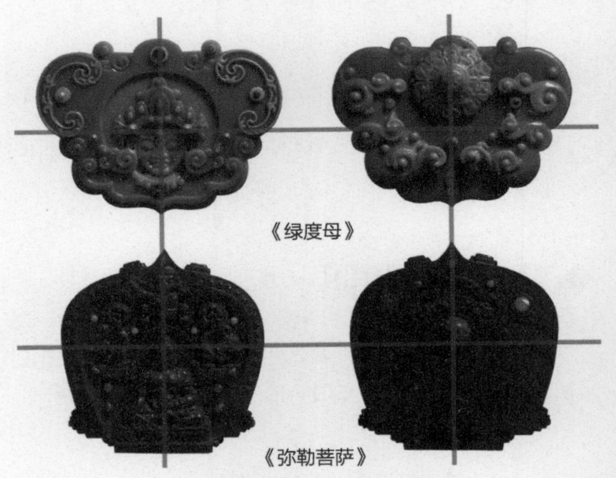


图 5-24 对称 作者：水德堂

## ◆ 5.3.8 均衡

对称能产生均衡感，而均衡又包括对称因素。均衡比对称更具有活泼感。人们会采用取舍、退让等方法来达到均衡。这种均衡是一种让人感觉非常舒服的美学状态，如图 5-25 所示。

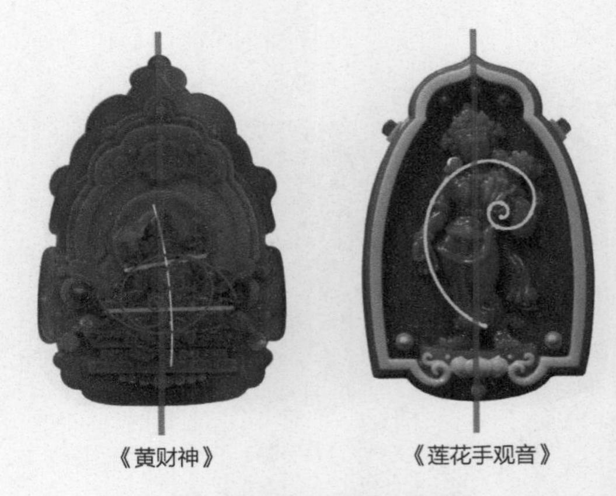


图 5-25 均衡 作者：水德堂

## ◆ 5.3.9 色彩

玉雕作品中的色彩多用俏色。比如玉石是红色的，那么就可以联想火、花等红色的事物；玉石是黑色的，那么具有黑色属性的自然物、非自然物就都可以成为设计元素。利用颜色的象征意义扩展的设计，具有无限可能，如图5-26至图5-29所示。

图5-26 《真石的赝品》系列之二 作者：钟灿文

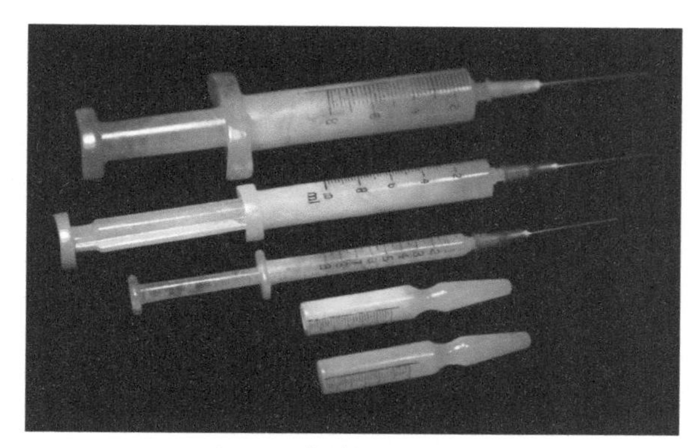

图5-27 《触》 作者：钟灿文

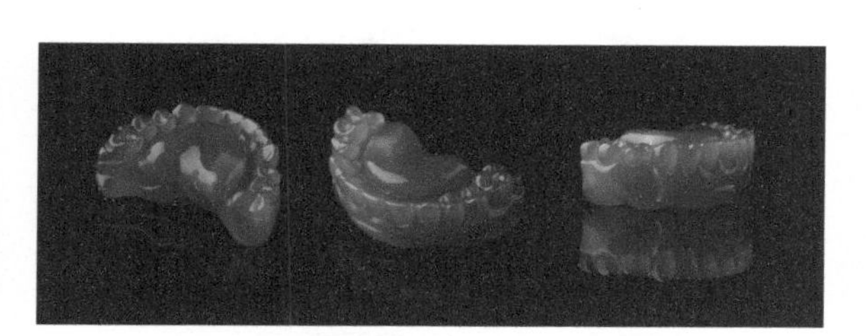

图5-28 《真石的赝品》系列之三 作者：钟灿文

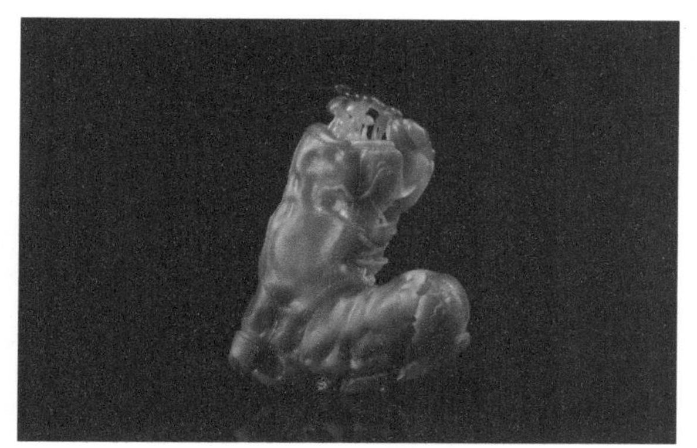

图5-29 《代价》 作者：高松峰

俏色受玉石材料的限制，多用于以色彩特征模仿自然物、非自然物的造型，同时又超脱于单一的模仿。用好颜色变化，融入玉雕师的创作思想，可达到合乎情理又出人意料的效果。

# 5.4 圆与方

“圆”有两层含义：一层是物理的圆，另一层是内心的圆。圆是宇宙天体的基本形状，代表了天道；“圆”也代表了人类对圆满的期盼，尤其是东方人，以和为贵、取道中庸是其为人处世的准则、尺度。

“方”是规矩、做人的准则。圆中有方，方中带圆，和谐统一。一圆一方之间，蕴含了中国传统文化的精髓。

## ◆ 5.4.1 圆

“圆”的饰品，能带来视觉上的圆满。玉石的多晶体结构，通过圆弧表面和光的作用，会更加完美地体现玉石晶莹剔透的美感。所以玉雕师在制玉的过程中，都会把玉石做得有圆的“脂肪”感，就算是不具备透光效果的玉石，也会将其做得饱满、圆润。玉石表面光的作用如图 5-30 所示。

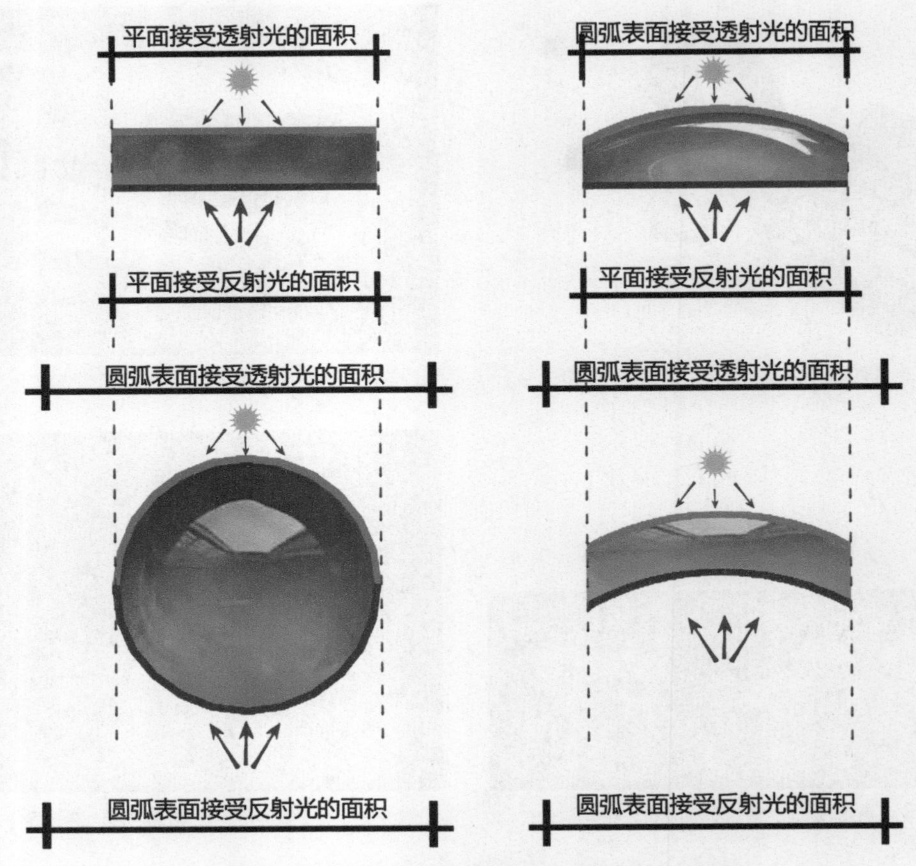


图 5-30 同等宽度的不同表面接受透射光、反射光的面积示意图

在人眼可观察到的范围内，透射光是穿过玉石内部的光，反射光是玉石的矿物颗粒对光的反射作用，玉石表面的荧光是透射光和反射光叠加形成的综合光，玉石越透明，光的效果越明显，如图 5-31 所示。

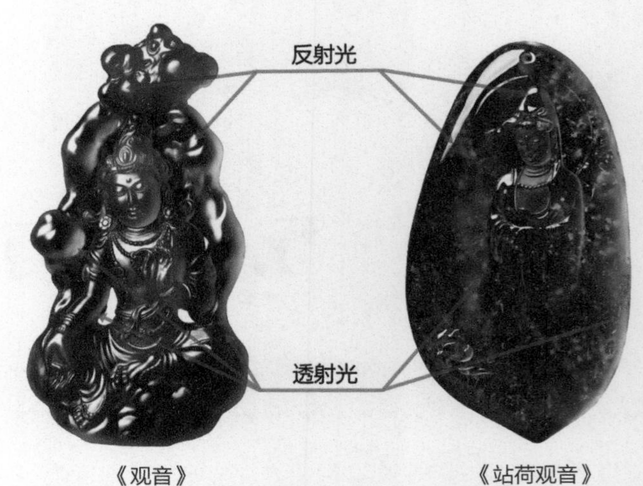


《观音》 《站荷观音》

图 5-31 作者：（左）蒋红兵、（右）张青兰

透射光和反射光叠加形成的综合光使玉石看起来晶莹剔透，如图 5-32 所示。

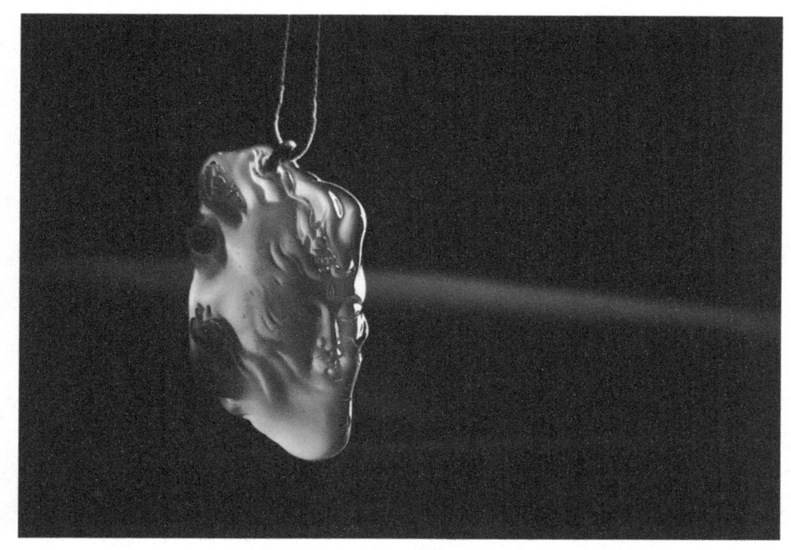

图 5-32 《观》 作者：高松峰

## ◆ 5.4.2 方

玉雕作品既要有圆的饱满，也要有方的规矩感。“方”是雕塑语言的表现形式，也是形体块面的基本组成方式，如图 5-33 所示。

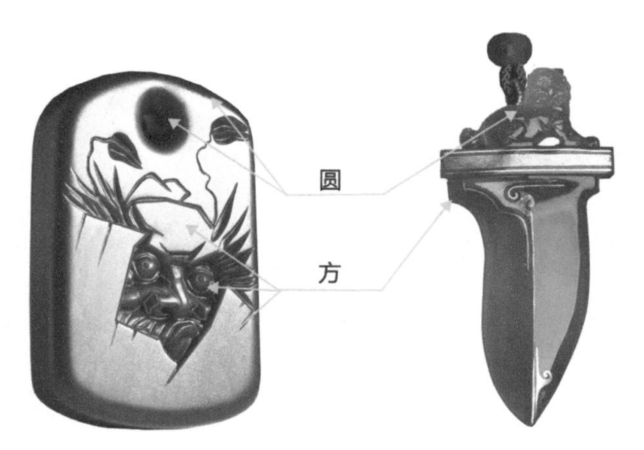


图 5-33 方与圆的统一 作者：（左）高人老师、（右）杨相象

圆是去掉棱角的方，方是未去边缘的圆。玉石雕刻要做减法，提升自我要做加法。在一加一减中，玉雕师完成了作品，作品也成就了玉雕师。

束缚玉雕师的往往是习惯、规矩，如果玉雕师认为自己懂得的东西很多，不愿接受新鲜事物，跳不出自己的小圈子，就很难突破瓶颈。当认识到自身这件容器已装得比较满时，一定要主动舍去一些东西。比如打破思想禁锢，接受新鲜事物；弱化技法，追求质朴的“拙”和德本财末的意境。因此，玉雕师要有空杯之心、敬畏之心、持之以恒之心，还要有自我否定的决心。

第6章

# 玉石材质对设计的影响

CHAPTER 06

玉雕是以昂贵的材料为媒介的雕刻形式，且材料的内部变化特别多。玉石本身的特殊性导致创作有很大难度，玉雕师更多的是基于材料本身，创作一些不可复制的作品，这是玉雕有别于其他雕刻种类的地方。

玉石材料的结构特点会直接影响作品的呈现效果，对这些结构特点加以利用，不难做出好的作品。

# 6.1 去皮或留皮

“皮”指玉石表面在风化作用下形成的一层粗细不一、薄厚不一、颜色各异的风化物，如图 6-1 所示 。

一般而言，皮和肉的色彩有区别。在设计中能不能用上皮，要看设计需不需要，用不上就去掉，用得上就考虑怎样俏色。皮可作为特殊肌理效果呈现，如图 6-2 和图 6-3 所示。

图 6-1 翡翠的皮

图 6-2 《真实的赝品》系列之四 作者：钟灿文

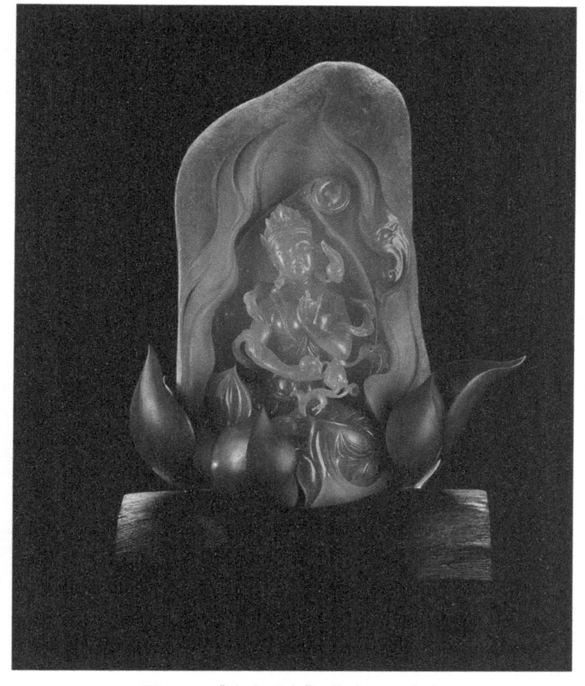

图 6-3 《自在观音》 作者：于丰也

# 6.2 量料取材

量料取材是指玉雕师根据设计图纸寻找合适的材料来创作。玉石本身会有棉、裂、绺、脏等问题，如果不去掉这些有问题的地方，会影响作品美感，如图 6-4 所示。

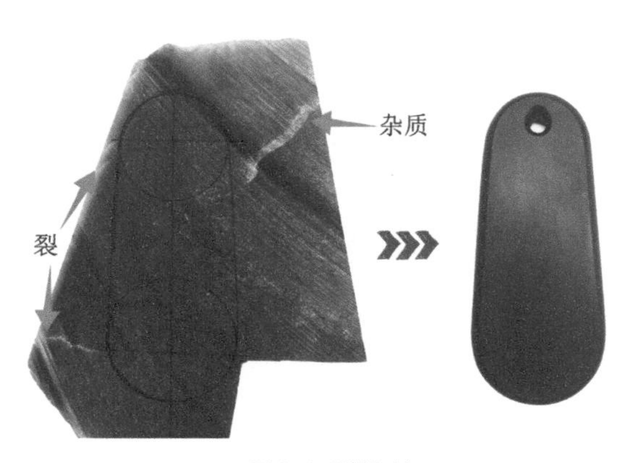


图 6-4 量料取材

# 6.3 因材施艺

因材施艺是根据玉石的特点来设计作品，有些玉石本身的价值很高，不宜大刀阔斧地调整；有些玉石是异形的，要做随形设计才能保证其价值，如图 6-5 和图 6-6 所示。

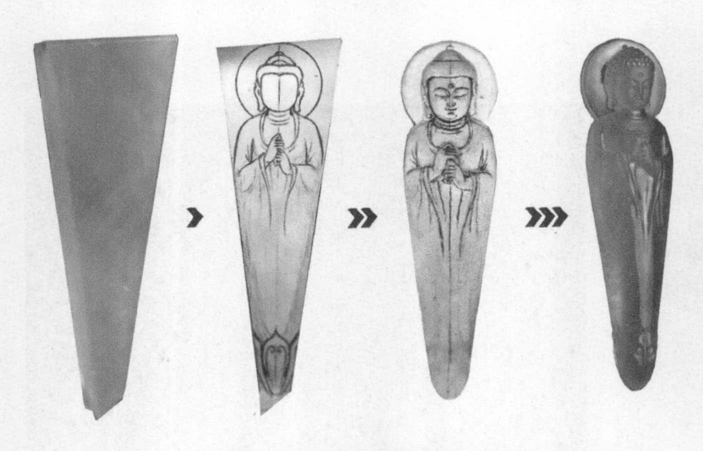

图 6-5 《结印小佛》 作者：张青兰

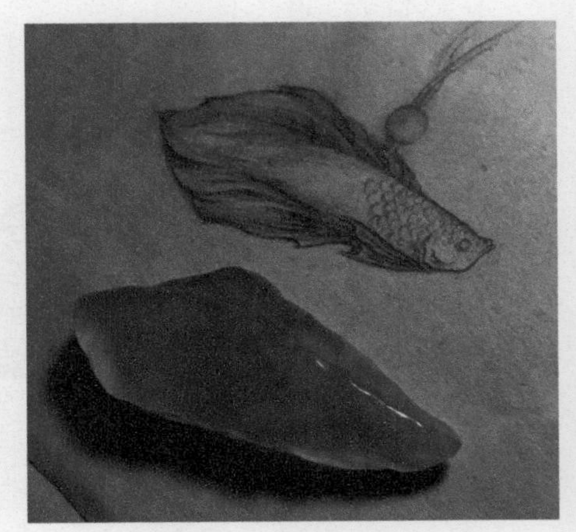

图 6-6 《鱼》 作者：张青兰

# 6.4 顺势而为

“势”是物体的高低起伏形成的一种走势，是一种形式上的感觉。“势”是一种力量、一种方向。顺势而为是因材施艺的延伸，是借助材料的起伏、走势来设计作品的方法。顺势而为容易达到事半功倍的效果，能使作品更加形象生动，如图 6-7 至图 6-9 所示。

图 6-7 《写意人物》系列之一 作者：高人老师

图 6-8 《写意人物》系列之二 作者：高人老师

图 6-9 《写意人物》系列之三 作者：高人老师

# 6.5 挖脏去绺

挖脏去绺是挖去玉石上看上去不和谐的杂质，遇到裂、绺、棉、脏（见图 6-10）要去掉。

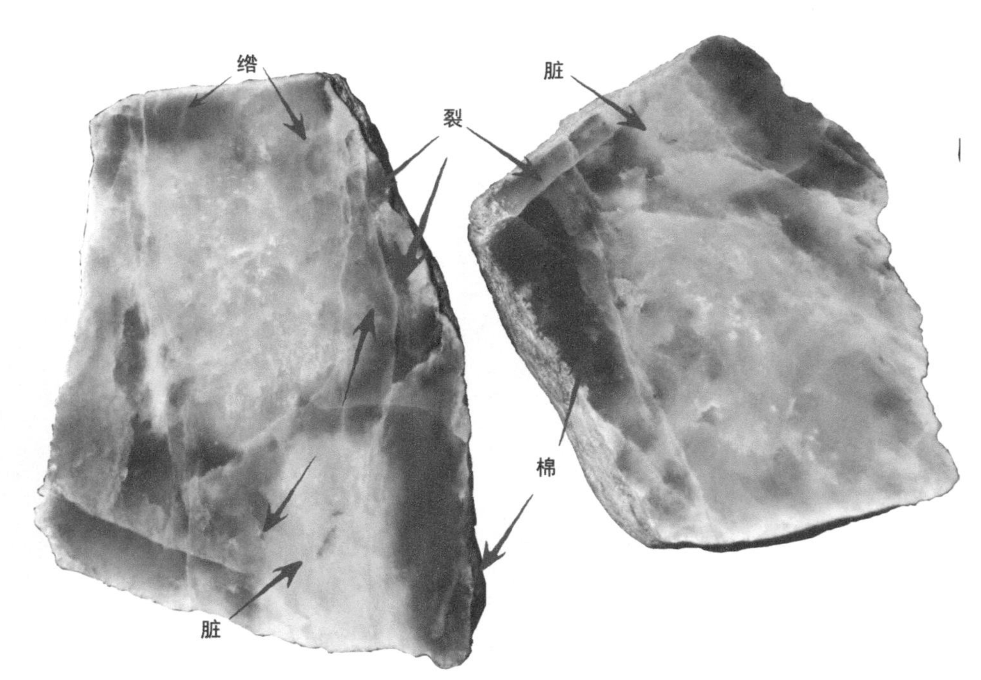


图 6-10 挖脏去绺

玉石在漫长的形成过程和地壳运动中，受到外力作用，如风化作用、重力挤压、撞击，或者因自身质地软，受日晒雨淋，冷热收缩会形成裂和绺。

裂除了会影响美观外，玉石在雕刻过程中受力易断裂；裂不是都要切掉或隐藏起来，只要设计得合情合理，也能用有裂的玉石创作一件理想的作品，如图 6-11 所示。

绺形似裂，而实质没有裂开，不像裂那样明显。二者有时不易分清，如图 6-12 所示 。绺一般要去掉或者“藏”住。“藏”是在有绺的地方设计图案，用勾线的方式将绺隐藏其中，或是利用绺的形状做高差造型，达到“藏”的效果。

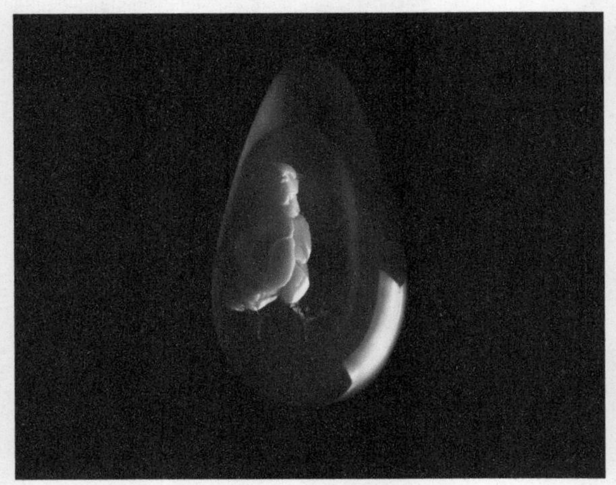

图 6-11 《鸡 · 蛋》 作者：许延平

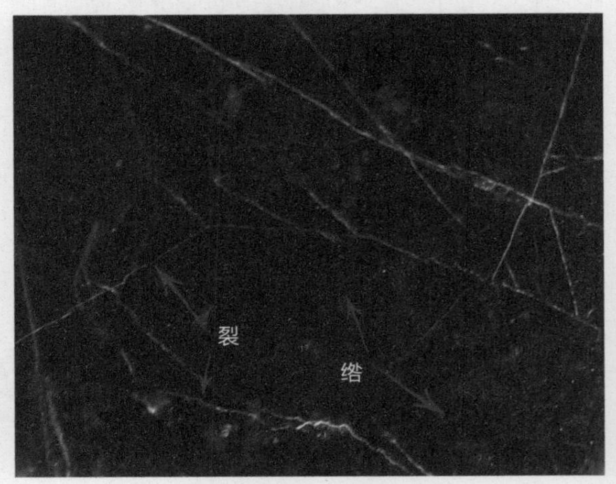


图 6-12 裂和绺

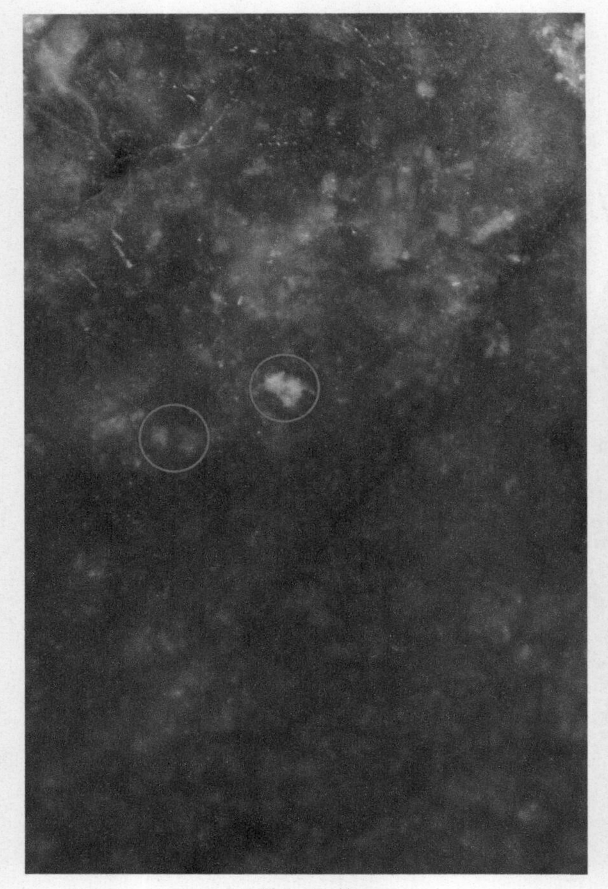

图 6-13 棉

棉是玉石里呈团状、纤维状、丝状、片状等如云似雾的内含物，如图 6-13 所示。

合理地利用棉往往会产生意想不到的效果，如图 6-14 所示。

图 6-14 《独钓寒江雪》 作者：张青兰

脏是玉石形成时外界有色物质渗入留下的,会影响玉石的品质,如图6-15所示。

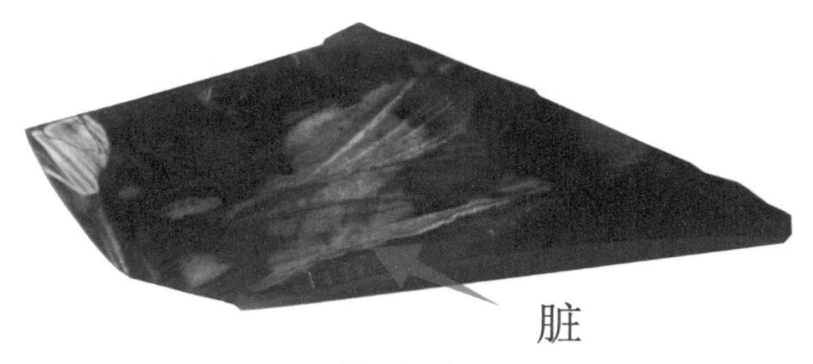


图6-15 脏

脏是和玉石本身特性不和谐的矿物质，但是在创作中，如果可以合理运用，脏就会变成俏色，如图 6-16 所示。

图 6-17 中的金色斑点是玉石本身含有的矿物质，将这些斑点转化为铜钱的样子，作品中“铜钱”大小的变化使画面具有了立体感。

图6-16 《道法自然》 作者：高松峰

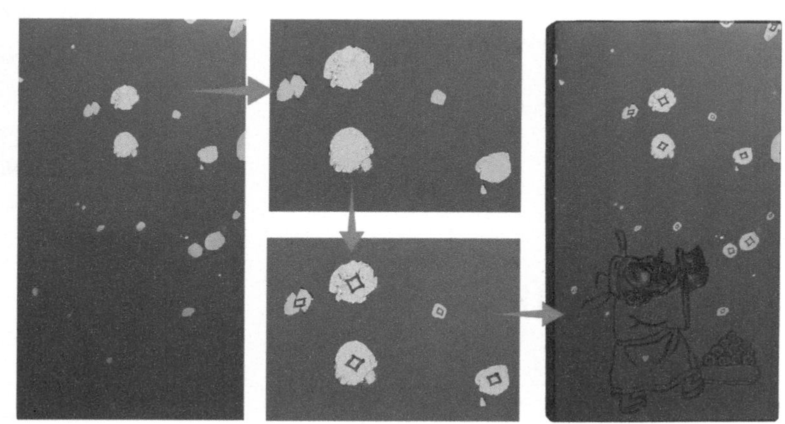

图6-17 脏色的利用 《天降》 作者：高人老师

裂、绺、棉、脏是让人又爱又恨的东西：说爱，是因为我们可以借助这些因素进行巧妙的设计；说恨，是因为我们对玉石“无瑕”的追求。在中国传统哲学的影响下，我们一直追求着圆满、完美无缺；而对于不完美的东西，我们又能包容、愿意去改造它。

无瑕不成玉，天然的东西很少有完美的。玉石难免会出现裂、绺、棉、脏等缺陷，将这些缺陷变成设计的一部分，可以达到情理之中、意料之外的效果。

# 6.6 俏色巧用

俏色，即根据玉石本身的颜色变化，分出空间层次，雕刻不同造型，以达到物尽其用的目的。俏色是玉雕技法中色彩运用最难的一种，要求玉雕师深入了解玉石，有较强的利用色彩变化进行创作的能力。

俏色巧用和化瑕为瑜大致相同，不同的是俏色不一定是因为玉石有缺陷。有些玉石本身色彩变化丰富，运用好色彩变化，作品会更生动、更有视觉冲击力，给人耳目一新的感觉。

## ◆ 6.6.1 模仿

模仿是俏色常用的手段，即借用玉石的色彩特征，模仿自然界中相同色彩元素的物体，达到以假乱真的效果，如图 6-18 所示。

图 6-18 瑞丽珠宝翡翠博物馆收藏 俏色作品（部分）

## ◆ 6.6.2 对比

人们可以根据玉石本身的色彩差异，通过俏色来形成对比效果，如图 6-19 和图 6-20 所示。

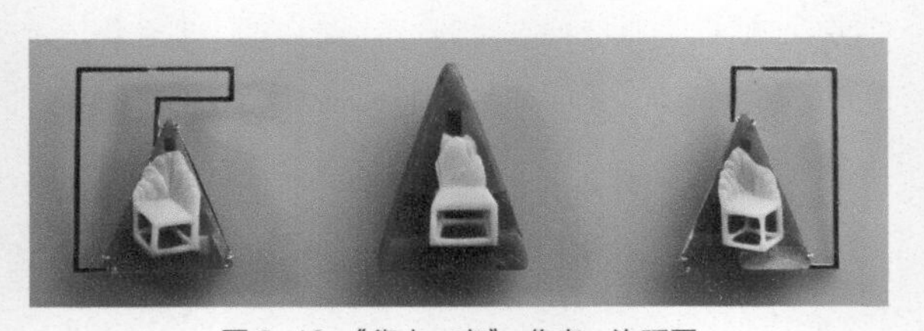

图 6-19 《靠山 · 家》 作者：许延平

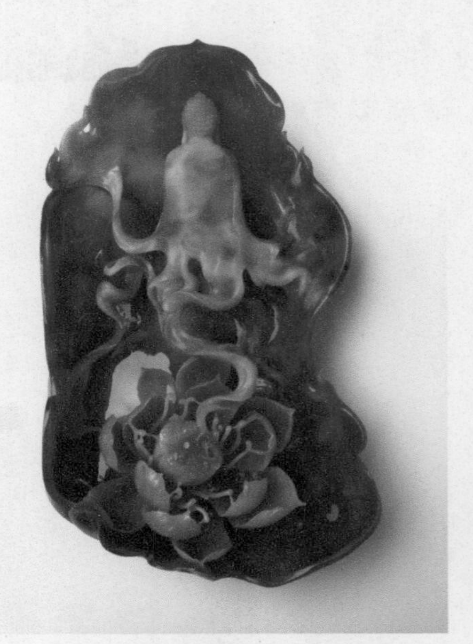

图 6-20 《住空》 作者：于丰也

## ◆ 6.6.3 通感

通感是在玉雕创作中，根据玉石的特征，选用恰当的题材来表现另外一种感觉的方式。它能将观者带入特定时间、空间，引起共鸣。《红色经典》是王朝阳根据玉石的色彩特征创作的革命题材作品，色彩的变化体现出浓浓的历史味道和时代烙印，瞬间把观者带回到那段岁月，引起共鸣，如图 6-21 所示。

图 6-21 《红色经典》 作者：王朝阳

# 6.7 光与影

光塑造了万物的形体与质感，影反映了万物的空间和方向。光与影的碰撞不仅可以实现作品在物理层面的空间表达，还可以塑造作品的神态、性格和情绪。

## ◆ 6.7.1 借光

玉石表面的荧光是透射光和反射光叠加形成的综合光，增加玉石表面接受透射光和反射光的面积（调水头），可以凸显玉石材料的特性，如图 6-22 所示。

## ◆ 6.7.2 借影

有光就有影，借影是另外一种形式的借光，即借助光线在玉石上产生的阴影，使玉石具有立体的视觉效果。当玉石不具备通透特性的时候，人们会通过借影的处理来增强立体效果，如图 6-23 所示。

图 6-22 《大日如来》 作者：张青兰

图 6-23 《钟馗》 作者：高人老师

# 6.8 相映成趣

玉石很美，但我们仍可以通过其他宝石来锦上添花，如七珍八宝（详见第 7 章）、金银珐琅等，作品如图 6-24 所示。

图 6-24 《绿度母》作者：水德堂

本章谈到的玉石材质对设计的影响，主要涉及 8 种方法（去皮或留皮、量料取材、因材施艺、顺势而为、挖脏去绺、俏色巧用、光与影、相映成趣），作者称之为“八借”。“八借”是借用玉石特征进行设计的 8 种方法，即借形、借势、借色、借裂、借棉、借肌理、借光影、互借。“八”是泛指，实际创作并不限于这 8 种方法，但是掌握了这 8 种方法，至少可以创作出一些还不错的作品。

材料是载体，造型是表现形式，工艺是手段，情感是寄托，传播思想、文化是目的。发现玉石潜在的美，需要独特的审美情趣。巧妙地运用玉石，才能创作出优秀的玉雕作品。

第7章

# 玉雕作品的呈现

CHAPTER 07

玉雕作品的呈现，除了玉石本身的呈现外，还会和其他材料如绳子、金、银、珐琅、珠子等搭配组合，相互衬托，以形成丰富的视觉效果。

# 7.1 材料搭配

玉雕师创作藏传佛教题材的作品时，大多会遵循佛教的仪轨传承，以七珍八宝进行搭配（七珍：金银、琉璃、珊瑚、琥珀、砗磲、玛瑙，八宝：法螺、法轮、宝伞、白盖、莲花、宝瓶、金鱼、盘长），相关作品如图 7-1 至图 7-3 所示。

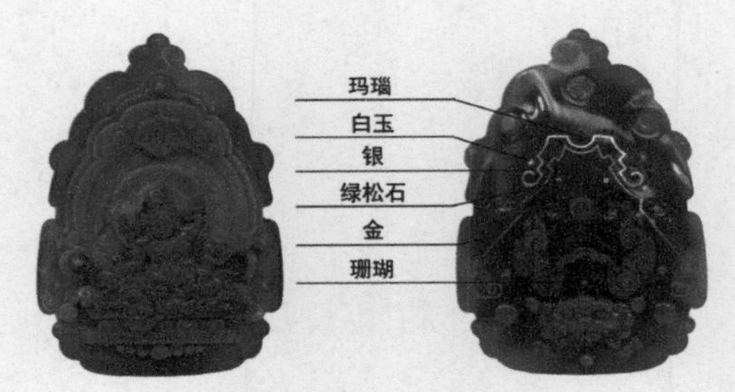


图 7-1 《黄财神》 作者：水德堂

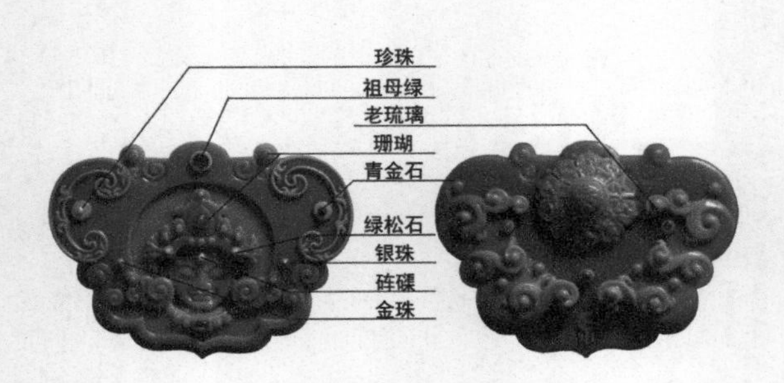


图 7-2 《绿度母》 作者：水德堂

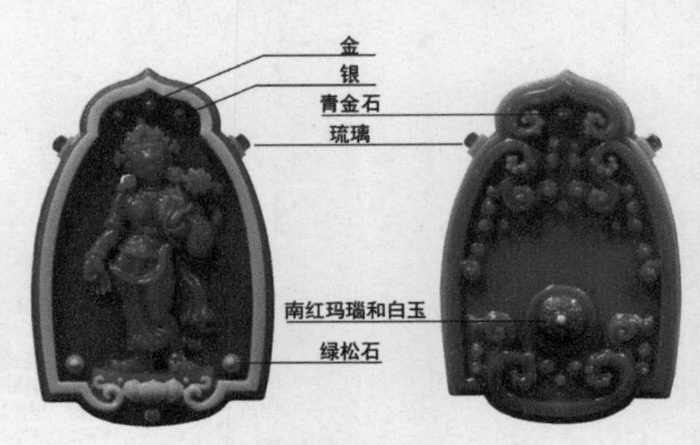


图 7-3 《莲花手观音》 作者：水德堂

# 7.2 配饰

配饰包括佩戴部分和展示部分。一件饰品总有与其相衬的配绳。有很多绳编师通过丰富和谐的色彩搭配、多元的材质组合，让作品显得生动活泼，如图 7-4 所示（注意：与玉石搭配的材料要严格遵守不能比玉石显眼的原则，重点是玉石）。

图 7-4 绳子的搭配

由于玉石本身的限制，很多作品都是单品，作品的配饰和包装不是很恰当，玉雕师一般会选用现有的材料来搭配，或者根据客户的喜好来搭配。有些玉雕师从设计到选材都会进行整体思考，包括配绳、包装等，使其变成作品的一部分，如图 7-5 至图 7-12 所示。

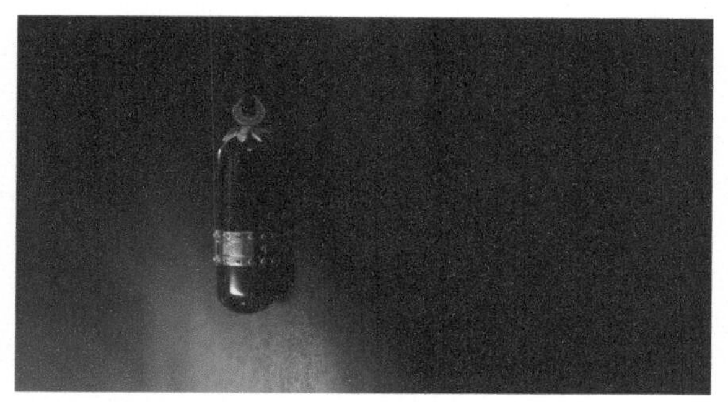

图 7-5 《随身佛》 作者：李腾

图 7-6 《随身佛》展示

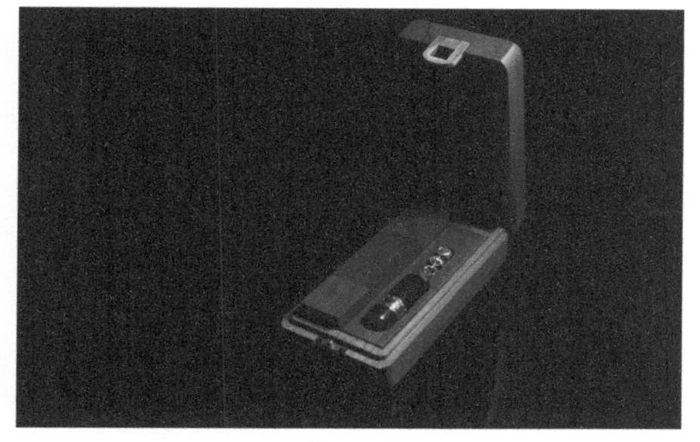

图 7-7 《随身佛》包装盒

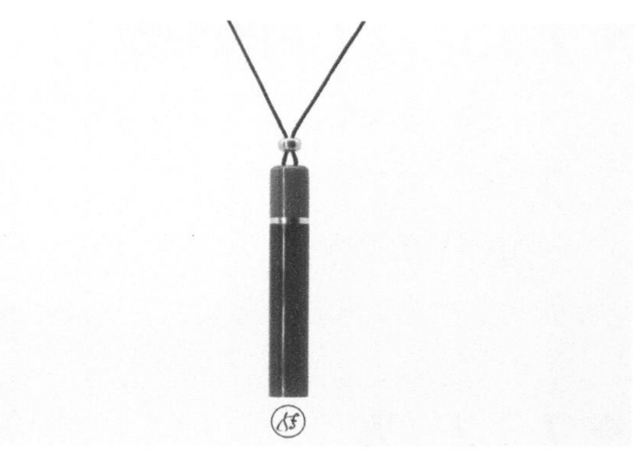

图 7-8 《香薰》 作者：李腾

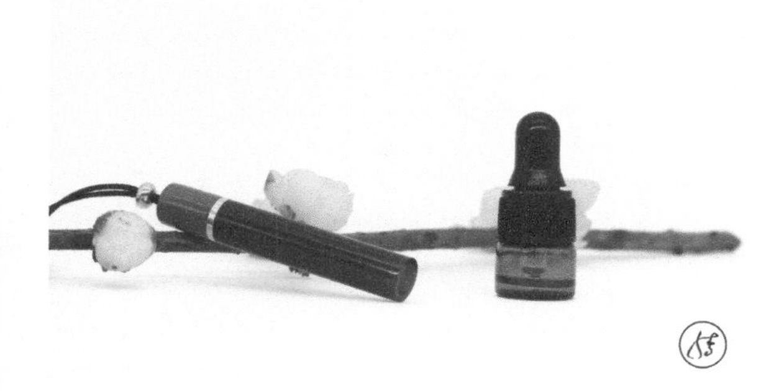

图 7-9 《香薰》展示

图 7-10 《香薰》包装盒

图 7-11 《香薰》展示、包装

图 7-12 《香薰》包装展示

# 7.3 拍摄

玉石质地坚硬且透明度不同，色彩多变。因此，拍摄玉石时应根据其属性、创作意图等选择相应的拍摄方法。玉石摄影要求高，难度比较大。摄影师首先要有美感且要掌握影像的处理方法，其次要对玉石有一定的了解，这样才能更准确地表现出玉石的特性。

拍摄玉石的作品大多以两种形式出现：一种是玉石独立构成画面，强调其造型特征和魅力；另一种是以模特为陪衬，突出佩戴玉石时的光彩。以下仅介绍玉石独立构成画面的拍摄知识。

## ◆ 7.3.1 玉石拍摄要领

（1）挑选并摆置玉石，将玉石体积表现得足够大，达到能清楚表现质感的程度。

（2）采光、测光、曝光。

（3）选择衬景及背景。

（4）一定要去除毛屑、指纹。

## ◆ 7.3.2 光

光是我们用视觉感知世界、获取图像的必备条件，光能产生影调、层次，表现色彩、质感，反映物体具体的形象特征。

### 光的作用

（1）照亮主体。

（2）表现立体感与质感。

（3）营造气氛。

（4）创造空间。

（5）创新形态与色彩。

（6）表现时间。

（7）装饰画面。

### 光源性质

（1）硬光。

（2）软光（柔光）。

（3）直接柔光（扩散）。

（4）间接柔光（反射）。

## 光源种类

（1）主光。

（2）辅光。

（3）效果光。

（4）背景光。

## 光源位置

（1）正面光。

（2）斜侧光（前侧光、侧光、后侧光 ）。

（3）逆光。

（4）顶光。

### 1. 正面光的特性

（1）主体全面受光，影像清晰。

（2）画面色彩均匀亮丽。

（3）缺少阴影，画面缺少立体感。针对这一问题，可使用大光圈拍摄，使前、后景模糊，增加深度感。

（4）强光直射刺眼，易使被摄人物表情僵硬。这一问题只需稍微改变被摄人物脸部方向就能改善。

（5）极易曝光过度。

使用正面光拍摄（见图 7-13）具有影像清晰的优点，但因缺少光影衬托，画面缺少立体感，尤其当拍摄明亮的玉石时，易因曝光过度而损失影像层次；但对于不会产生强烈反光的被摄体，例如不透明的玉石，则可以清晰地表现层次细节。

拍摄图 7-14 时使用的是正面光，主光为柔和的白色冷光，光线使顶部植物部分表现得通透、水润，红翡部分色彩的变化很自然，空间感和体积感强烈。

图 7-13 正面光拍摄

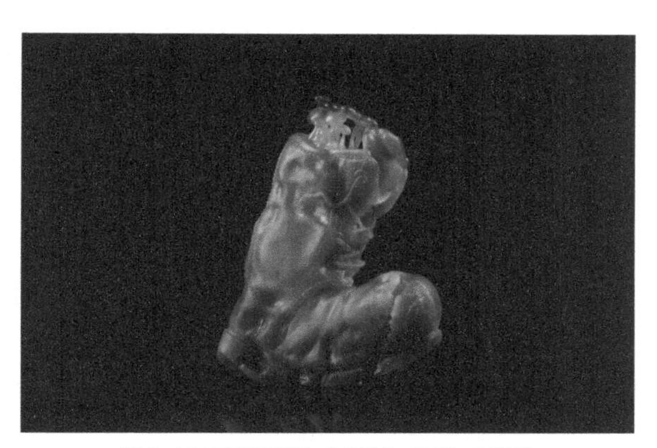

图 7-14 正面光拍摄《代价》 作者：高松峰

**2. 斜侧光的特性**

（1）能制造阴影，使被摄体产生立体感。

（2）反差适度，层次丰富，质感表现效果佳。

（3）色调分明，便于营造气氛。

（4）不似顺光刺眼，以此种光拍摄的人物的表情较自然。

（5）若以硬光照明，明暗反差悬殊时，曝光难以控制，色彩表现不易。

斜侧光是一个宽泛的概念，指光线投射方向与摄影镜头光轴方向约呈 45° 的光线。前侧光对于质感的效果表现极佳，后侧光可用于勾勒轮廓。此种光影的变化对于主体的表现及气氛的营造有很好的效果，可多加利用，如图 7-15 至图 7-17 所示。

图 7-15 前 / 后侧光拍摄

图 7-16 侧光拍摄

图 7-17 侧光拍摄《印》 作者：钟灿文

**3. 逆光的特性**

（1）能强调主体的轮廓，表现形态美感。

（2）能形成“剪影”效果，产生神秘美感。

（3）画面明暗反差大，测光不易。

（4）如无前景或背景衬托，画面易显死板。

（5）易造成光晕现象。

背景深暗时，采用逆光拍摄（见图 7-18）会产生明亮的边光效果。若正面以泛光灯或反光板补光，则主体与背景皆成像清晰。拍摄透明玉石时，使用逆光可表现出极佳的透明感，如图 7-19 所示。

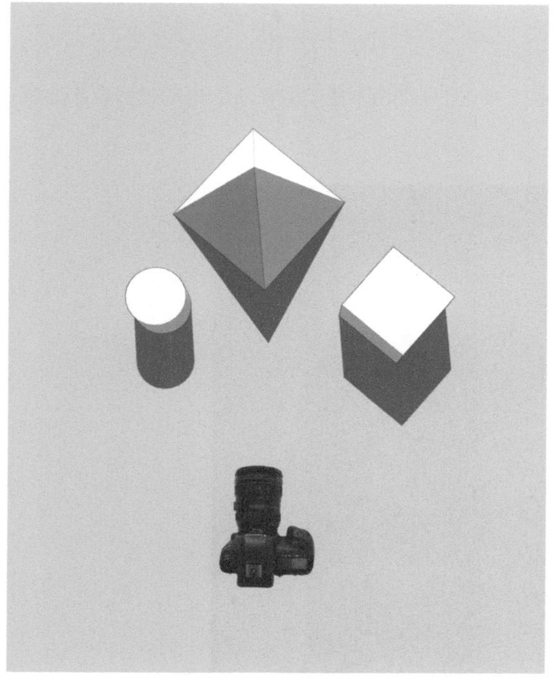

图 7-18 逆光拍摄

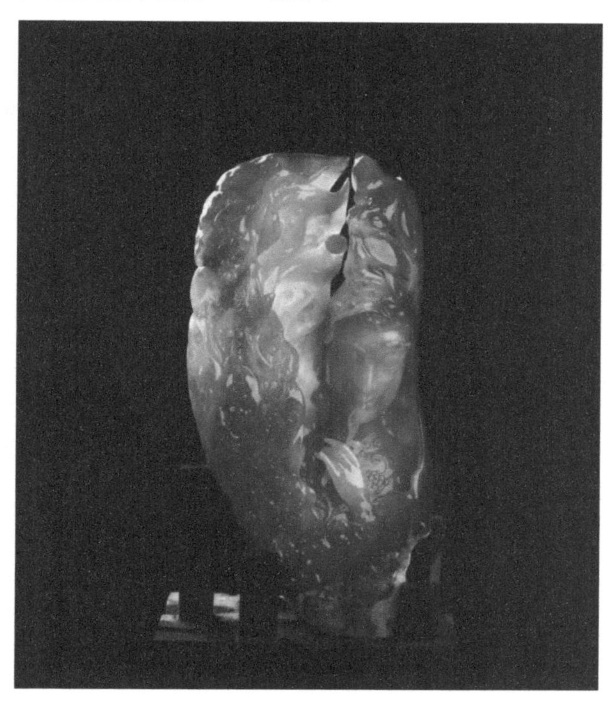

图 7-19 逆光拍摄《花之梦》系列之一 作者：王朝阳

逆光的表现方式有以下 3 种。

（1）剪影法：以背景亮度为曝光标准，主体形成剪影效果，适合表现主体的轮廓。

（2）明晰法：以处于暗位的主体为曝光标准，让背景曝光过度。

（3）补光法：以背景亮度为曝光标准，利用反光板或闪光灯为处于暗位的主体补光，使主体及背景的色彩都得到正确的表现，如图 7-20 所示。补光法是逆光下能同时兼顾主体和背景的采光法，但若补光过强，则会有不自然的表现。

图 7-20 逆光拍摄《觉者》 作者：邱启敬

4. 顶光的特性

（1）主体顶部受光，画面具有爽朗、光明、热烈的趣味。

（2）易使正面黑暗，宜通过补光改善。

顶光拍摄（见图 7-21）适用于透明玉石，能表现其晶莹剔透之感。顶光可使不透明的玉石产生不错的阴影效果，从而形成极自然的气氛，如图 7-22 和图 7-23 所示。

图 7-21 顶光拍摄

图 7-22 顶光拍摄《莲花手观音》 作者：水德堂

图 7-23 顶光拍摄《鼻烟壶》 作者：王国清

## ◆ 7.3.3 拍摄角度

拍摄角度主要有两个，一是水平角度，二是垂直角度。

（1）水平角度：正面、前侧面、侧面、后侧面、背面，如图 7-24 所示。

（2）垂直角度：仰视、平视、俯视，如图 7-25 所示。

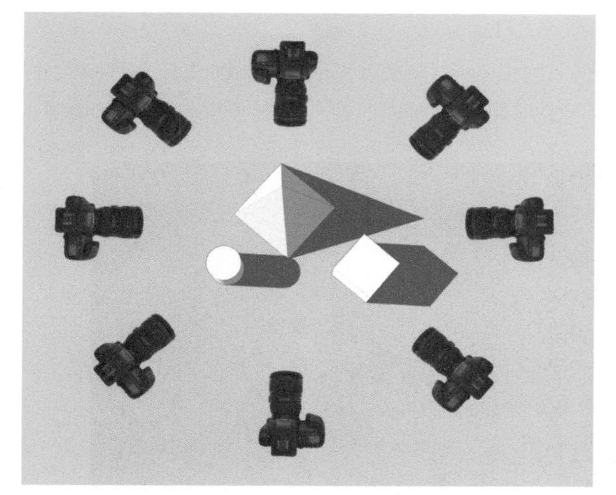

图 7-24 水平角度拍摄

图 7-25 垂直角度拍摄

## ◆ 7.3.4 布光

布光就是布置灯光。合理布光可以有效地塑造主体的形象、性格、气质、质感，还可以准确地表达寓意。

### 常用布光方式

（1）单灯布光与多灯集中布光。

（2） 两灯布光。

（3）三灯布光。

（4）多灯布光。

（5）部分包围布光。

（6）全隔离布光。

（7）大光量多灯布光。

### 常用背景布光方式

（1）无投影布光：利用玻璃台面、半透明台面。

（2）白背景布光。

（3）渐变背景布光。

### 不透明材质拍摄布光

当玉石透明度低，对光的反射能力较强，不能十分清晰地映照物象，高光处耀斑不明显时，主光应用较软的散射光，发光面积宜大。应用一个主光源对阴影部分进行补光，这样不会使作品显得沉重，还可以增强空间感，如图 7-26 所示。

图 7-26 《一念》 作者：于丰也

## 半透明材质拍摄布光

拍摄半透明材质时，主光多用直射光以强调造型与光感，光线宜稍硬。为强调光感，多以侧逆光、轮廓光、逆光照明，如图 7-27 和图 7-28 所示。

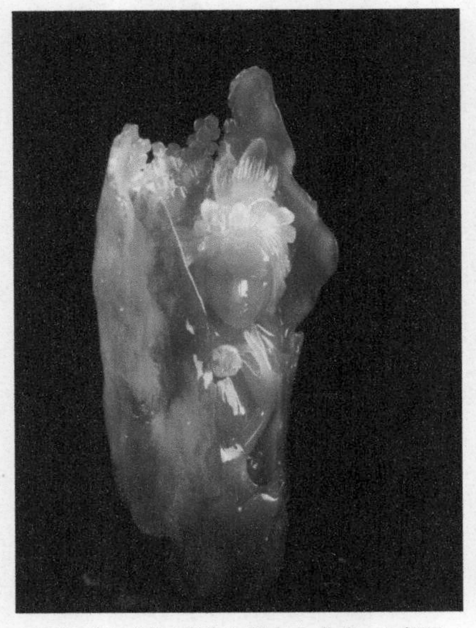

图 7-27 《花之梦》系列之二 作者：王朝阳

图 7-28 《漫天花雨》 作者：于丰也

## 全透明材质拍摄布光

拍摄水晶、玻璃种翡翠等全透明材质时，主光多为间接光，也可使用直射光，光线可稍硬。表现暗线条使用亮背景，逆光照明；表现亮线条使用暗背景，侧逆光或顶光照明，如图 7-29 所示。

图 7-29 《观音》 作者：王国清

**透明物体的表现**

使用深色甚至黑色的背景，衬托出全透明材质的亮线条，如图 7-30 所示。亮线条的宽窄取决于光位，光位越靠后亮线条越窄，光位越靠前亮线条越宽。被摄体的反差既取决于背景的明暗，又取决于投射光的强弱。

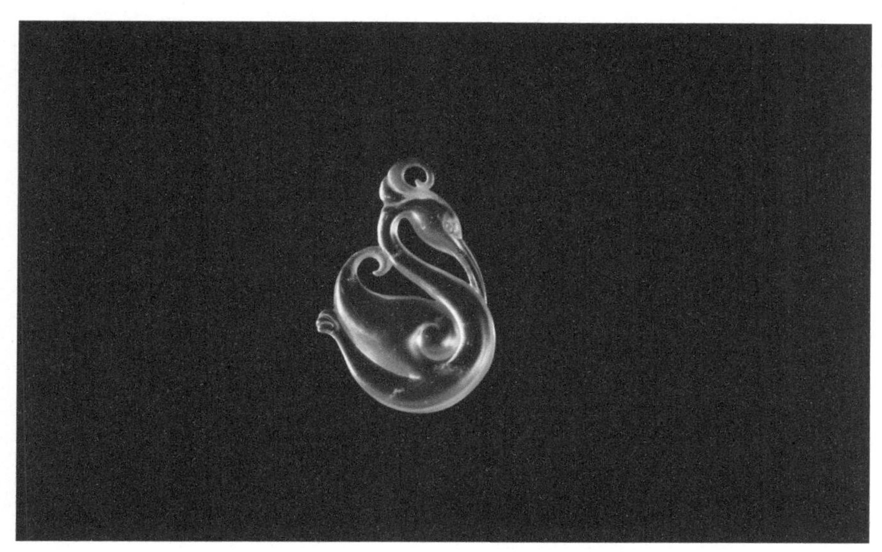

图 7-30 《天鹅》 作者：景媛国际珠宝学院

## ◆ 7.3.5 背景

摄影师通过颜色、明暗、阴影等因素用背景创建画面对比效果，以突出主体形象、渲染氛围。

《随身佛》《观音》这两件作品的背景是深色的，这为观者提供了想象空间。另外，深色背景下，灯光的照射可让玉石更透亮，以突出玉石的特性，如图 7-31 和图 7-32 所示。

图 7-33 中的主体用阿拉善玛瑙制成，整体偏暖色，底座用的是另一种石材为冷色，表面带有斑纹，背景为简单的黑色，使主体显得沉稳、肃穆。

图 7-31 《随身佛》 作者：李腾

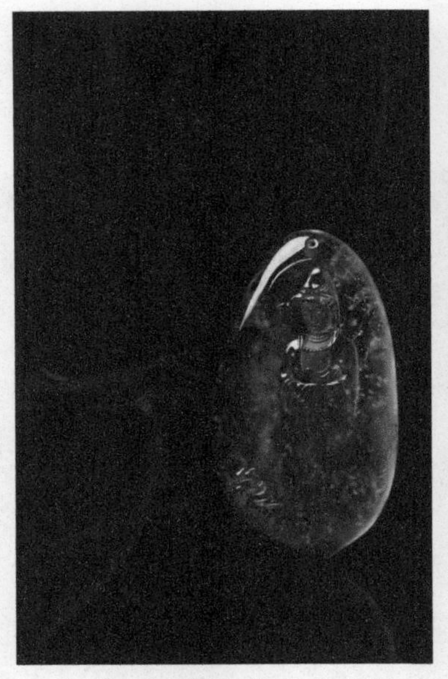

图 7-32《观音》 作者：张青兰　　图 7-33 《生病的地球》 作者：水德堂

背景一般要虚化，不能喧宾夺主。可根据玉石的主体色彩选择背景色彩，如邻近色、互补色、对比色和纯色等。选用对比色时要把握好对比的分寸，如降低色彩的纯度、明度、亮度等。总之，要给人赏心悦目的感觉。

## ◆ 7.3.6　了解玉石知识

在拍摄玉石时，要对玉石有一定的了解，比如玉石是单晶体结构还是多晶体结构，折射率是多少，在特定光线下的表现如何，等等。对作品的设计概念等有所了解后，构思出能展现玉石特性的方案，以准确地表现玉石的气质。

作品《箭头》采用的玉石是翡翠，呈多晶体结构，种老，透光性强。拍摄时，光线从斜上方射入，由于折射和反射，作品底部有荧光反射效果，这样翡翠的感觉就出来了，如图 7-34 所示。

图 7-34 《箭头》 作者：张青兰

良好的摄影技术会使作品呈现效果更佳，所以熟练掌握玉石摄影技术也是非常重要的。

第 8 章

# 玉雕艺术流派

CHAPTER 08

中国玉雕技术经过长时间的发展，形成了“北派”“扬派”“海派”“南派”四大流派。如今，热爱玉雕的人越来越多，很多地方也涌现出不少优秀的玉雕师。一些从艺术学院毕业的学生，以玉石为材料创作艺术作品，慢慢形成了一个新的流派——“学院派”。

玉雕师的流动和雕刻工作室地址的变迁等，使以地区划分艺术流派的标准已经不太准确了。本章将简单介绍各艺术流派及其特征，以供参考。

# 8.1 北派工艺

从地域上看，北派工艺涵盖北京、天津、河北、辽宁、河南（部分地区）、新疆等北方各省区市的玉雕工艺。从工艺上看，以北京为中心，玉雕造型受皇家文化和北方少数民族豪放风格的影响，具有刀工简练、厚重、沉稳、典雅、大气等特征的工艺，称为北派工艺。

北派玉雕师选择的玉石种类特别多，常见的有和田玉、玛瑙、绿松石、碧玉等。就器型而论，北派工艺以雄浑大气、讲究整体的气势著称。花薰和大链瓶的传统特点是宽而厚，如图 8-1 所示。人物造型注重表现人体结构，动感鲜明，如图 8-2 所示。

图 8-1 《福禄万代》 作者：杨根连

图 8-2 《三面观音》 作者：杨根连

# 8.2 扬派工艺

扬州是我国主要的玉器产区，扬州玉雕将浅浮雕、圆雕和镂雕等多种工艺融为一体，形成浑厚圆润、儒雅精巧、秀丽典雅、玲珑剔透的艺术风格，如图 8-3 和图 8-4 所示。如今的扬州玉雕师全面继承了优秀的传统扬州玉雕技艺，锐意创新，无论是在品种门类上还是技术实力上在全国都名列前茅。

图 8-3 《青龙瓶》 作者：曾堂贵

图 8-4 《云龙瓶》 作者：曾堂贵

# 8.3 海派工艺

海派工艺形成于19世纪末20世纪初。海派玉雕师大部分是苏州、扬州及其周边地区的雕刻艺人，在当下玉雕艺术中有很强的影响力。海派玉雕的真正贡献在于“海纳”和“精作”。海派玉雕包罗万象，却依然“苗条”。海派玉雕善于运用各类玉石的天然形状和色泽进行创作，形成了俊俏飘逸的“海派”艺术风格，如图8-5和图8-6所示。

图8-5 《节节高升》 作者：王朝杰

图8-6 《兰》 作者：王朝杰

# 8.4 南派工艺

以广州、福建为主的区域因长期受竹雕工艺、木雕工艺、牙雕工艺和东南亚文化影响，形成了以造型饱满、呼应传神、精致玲珑为特征的玉雕工作流派，称为“南派”。

## ◆ 8.4.1 广州工艺

广州工艺主要指平洲、揭阳、四会等地的玉雕工艺。广州玉雕主要用翡翠制成，造型典雅秀丽、轻灵飘逸、玲珑剔透，突出了岭南文化的内涵，如图8-7和图8-8所示。它花色繁多，雕刻手法精湛，体现了岭南人民的审美情趣，具有重要的历史、文化、艺术、工艺和经济价值。

图 8-7 《观音》 作者：王国清

图 8-8 《文殊菩萨》 作者：王国清

## ◆ 8.4.2 福建工艺

福建多用寿山石作为雕刻创作的主要材料，寿山石质地温润、色彩丰富、种类繁多、柔软易雕。寿山石中的田黄，以“福、寿、田”之名深受大众喜爱。福建玉雕师在造型上以写实为主，刻画出来的主体形象完整具体，雕刻出来的玉器生动传神，如图 8-9 和图 8-10 所示。

图 8-9 《惠安女》 作者：邱瑞坤

图 8-10 《古刹春晓》 作者：邱瑞坤

# 8.5 苏派工艺

各种文化艺术的积淀和发展造就了苏州特有的文化氛围。苏州玉雕师充分利用阴雕、阳雕、浮雕、圆雕等传统技艺进行创作，做到了从整体到细节的和谐与完美。如今，苏州技艺精湛的玉雕师们都在努力探索以新的设计理念来表现苏州风格的玉雕作品，在名称和表现手法方面都有创新。苏州玉器造型丰富多样，由于各个时期工艺技术的不同，苏州玉器纹样吸收了不同的风格和特点。严谨、细致、精益求精的玉雕风格贯穿苏派玉雕的整个过程。从新石器时代到明清时期的“最高工艺水平的象征”，再到 20 世纪 90 年代的不断创新，可以说，苏派玉雕在不断演变的过程中得到了发展，其刀法凝练奔放，设计精巧细致，题材丰沛，从而形成了“小巧、精细、雅致”的“新苏玉”风格，如图 8-11 和图 8-12 所示。

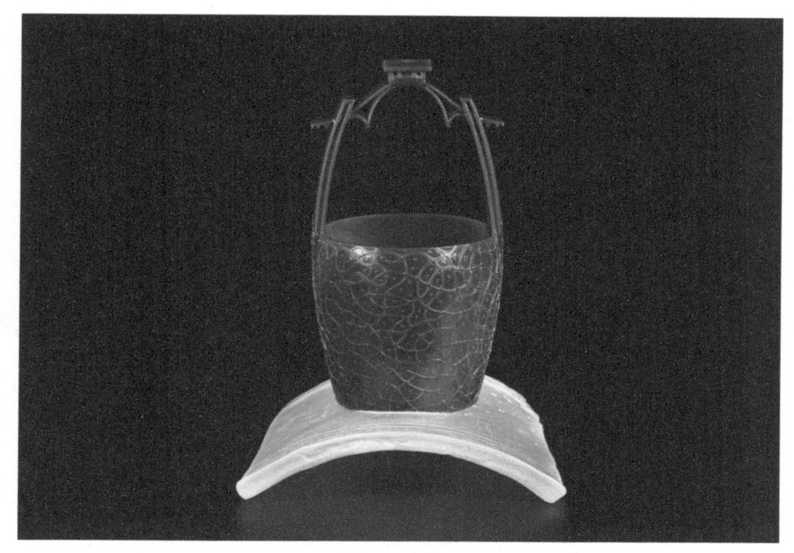

图 8-11 《梦回水乡》 作者：蒋喜

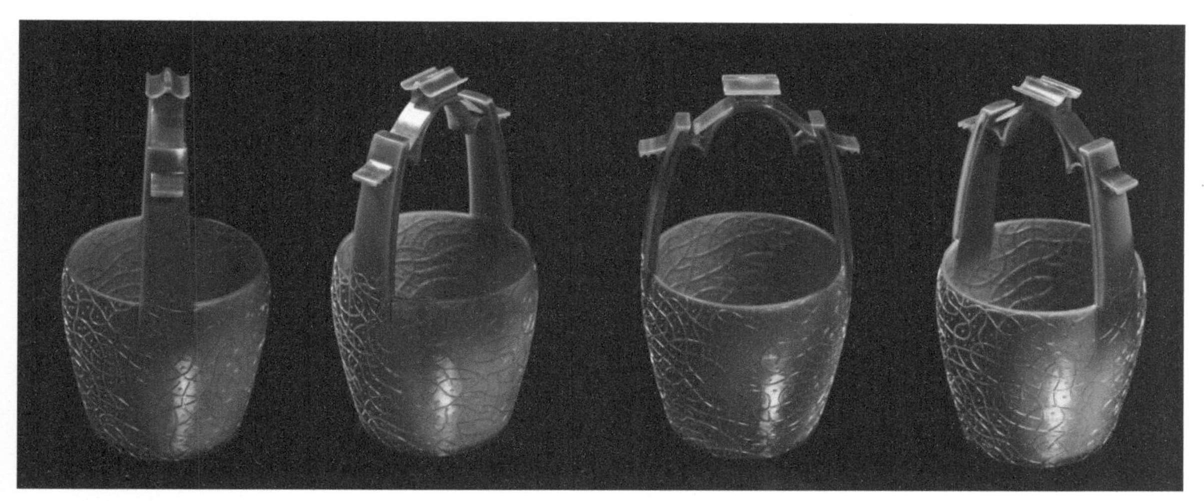

图 8-12 《梦回水乡》 作者：蒋喜

# 8.6 瑞丽工艺

自古以来就有“玉出云南，玉出瑞丽”的说法。瑞丽翡翠市场的繁荣得益于其独特的地理位置，这里玉石资源丰富，全国各地的玉雕师云集于此。南北流派在此碰撞，形成了以俏色巧雕、随形施艺闻名的瑞丽工艺。瑞丽工艺在结合南北风格的基础上，自成一派，其玉雕作品立体感更强，俏色运用更为明显。该派玉雕师还结合地方特色，积极尝试多种题材的艺术作品，如图 8-13 和图 8-14 所示。

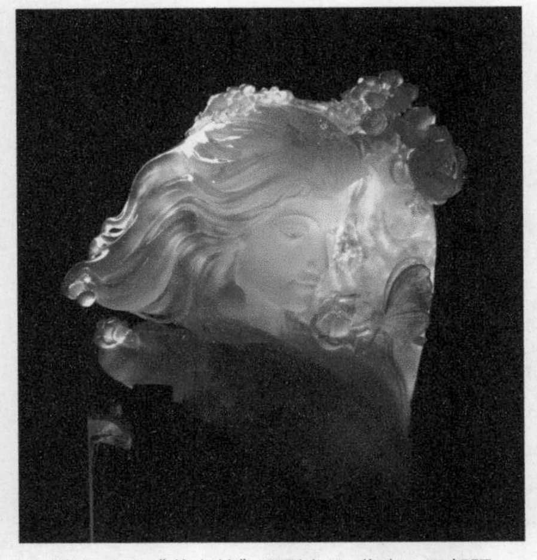

图 8-13 《花之梦》系列之三 作者：王朝阳

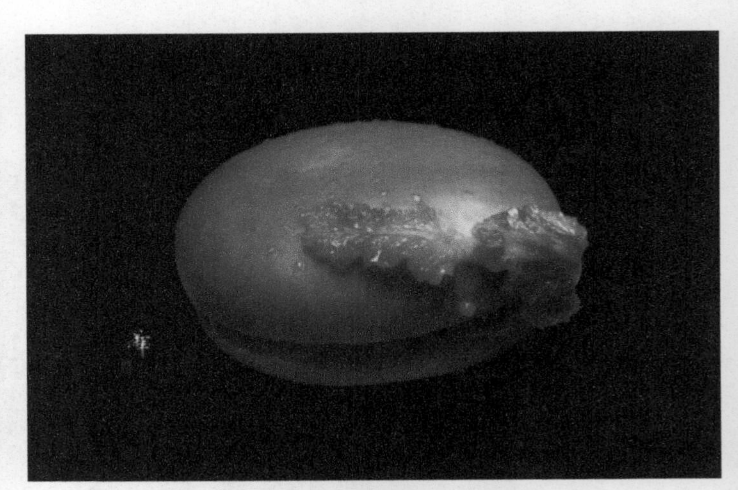

图 8-14 《团团圆圆》 作者：肖军

# 8.7 学院派工艺

进入 21 世纪，全国各地纷纷开设工艺美术学校和玉雕培训班，培养玉雕人才。这些玉雕人才美术基础理论较为扎实，对时代有一定的敏感性，在继承传统的同时标新立异，不拘一格，表达着新的时代精神和审美取向。因此，玉雕行业便出现了“学院派工艺”的新概念。

这一概念的出现是历史的必然，与传统玉雕有着必然的联系，从“因古、承古”到“创新”，玉雕行业形成了一种独特的艺术风格。玉雕艺术创作在突出人文思想的同时，追求“逸品”境界的纯粹性；在处理具体细节时强调“意趣”的艺术体验，追求“空间”之美，而不是形式之美；以学术思想为主体，以当代视角和表现手段创作玉雕作品的艺术语言，是思想、艺术与玉石的完美结合，如图 8-15 至图 8-18 所示。

图 8-15 《仿倪瓒笔意》 作者：邱启敬

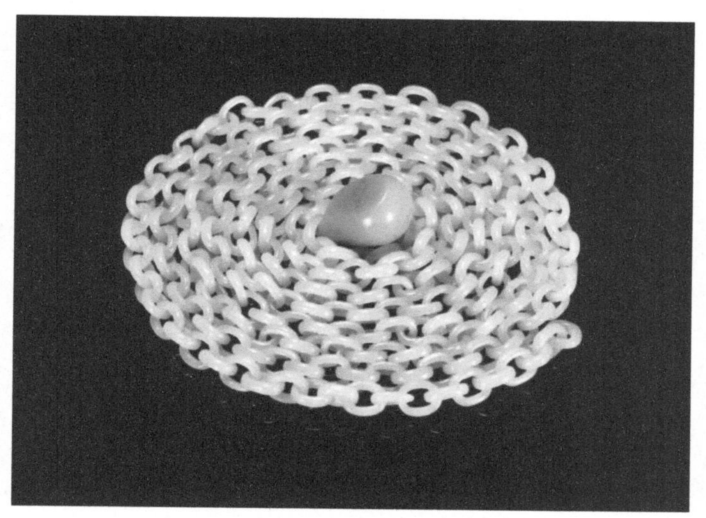

图 8-16 《文明的形状》 作者：邱启敬

图 8-17 《锦辉堆》系列之一 作者：邱启敬

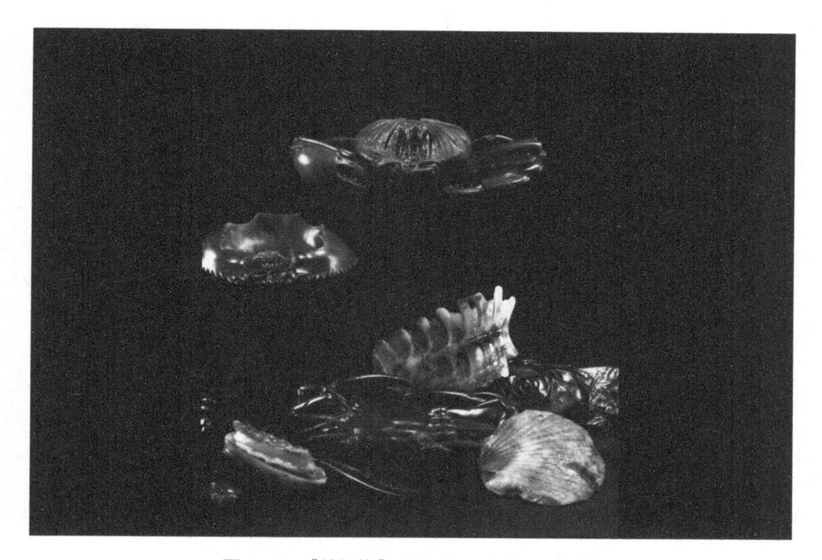

图 8-18 《锦辉堆》系列之二 作者：邱启敬

一件作品，其风格无论是细腻还是豪放，刀工无论是经典细致还是朴实无华，题材无论是古朴典雅还是具有时代感，都为观者呈现了一个丰富多彩的玉雕艺术世界，也呈现出玉雕师的智慧。

第 9 章

# 当代玉雕作品欣赏

CHAPTER 09

任何事情都没有捷径可走，作为传统工艺的玉雕也是如此。从玉雕创作者成长的脉络来讲，其大致可以概括为 3 个阶段：第一阶段是基础造型期，第二阶段是工艺表达期，第三阶段是艺术表现期。

第一阶段是基础造型期。

玉雕创作者要学习和研究基础造型，了解事物发展规律，围绕对象的形体来创作，通过量的积累，让“工”的水平达到一定的高度。

虽然从事手工艺事业的人，学习的技艺不同，能力亦有差别，但是雕刻水平的提高不是难事。掌握了事物的规律，学习、总结前人的工艺技法，多思考、多练习，达到第一阶段所要求的技术高度不是问题。从某种意义上讲，玉雕创造者要敢于打破原来的思维模式，否定自己目前的状态，才能有所突破、有所精进。对于到达第一阶段的人，我们可称之为“玉雕师”。

第二阶段是工艺表达期。

在第一阶段的基础上再跨越一步，就到了“艺”的高度，作品就有了工艺品的特性。这一阶段，玉雕创作者在吸收传统工艺宝贵经验的同时，又有新的探索和表现，做到了“赏心悦目”。“赏心”就是可以触动观者的心弦，“悦目”即工艺表现水平高。

创新、创意是玉雕真正的核心要素，创作的灵感源于兴趣。玉雕师除了必须掌握精湛的工艺外，还要创作有思想的作品，这样才能到达第二阶段，我们才可以称之为“玉雕大师”。

第三阶段是艺术表现期。

第三阶段是玉雕创作者毕生追求的境界。经过第一阶段、第二阶段的积累和沉淀，这一阶段的玉雕创作者追求自然与艺术性的高度统一，在工艺上精益求精，主要表现“艺”的部分，而“术”的部分则显得不是那么重要，他们更注重自我的修为和思想境界的高度。到达第三阶段的人，我们可称之为“艺术家”。

# 9.1 当代玉雕大师作品欣赏

玉雕大师有丰富的审石经验，长期从事玉雕艺术创作，形成了独特的创作风格。另外，玉雕大师的文化底蕴极深、思想境界极高，引领当代玉雕的发展方向，其作品有很高的收藏价值，以下是部分玉雕大师的作品。

## ◆ 9.1.1 神话类

瑶姬是中国古代神话传说中天帝之女，未嫁而死，葬于巫山之阳，其精魂化为灵芝。《九如》的主体由 8 朵不同生长阶段的灵芝和瑶姬组成，如图 9-1 所示。作品名中的“九”泛指变化，“九如”是指 9 种美，也指君子的种种美德。

《云天下》的原料为和田玉籽料。作品上圆下方，蕴含中国古代朴素的宇宙观。创作者结合现代人的审美，以金字塔作为沟通媒介，镂空“四灵”坐镇塔底，繁中窥简，凸显内部结构。两者浑然一体，层层向上，直达“云天”，贯通古今。西汉风格的青龙、白虎、朱雀、玄武栩栩如生、大气雅致，以纳天地祥瑞。作品自上而下呈写意式渐变，既蕴含着对传统哲学的思考，又渗透着现代人的审美情趣，如图 9-2 所示。

图 9-1 《九如》 作者：水德堂

图 9-2 《云天下》 作者：蒋喜

## ◆ 9.1.2 宗教类

《度母》造像的扭动感与披帛组合，优美、飘逸，似乎让周围的空气都流动了起来。该造像以雍容之姿面对世人，华美神圣，温婉恬美。创作者参考 12 世纪的佛造像风格，融入现代人的审美，以精湛的雕刻工艺和抛光工艺进行塑造，使造像显得格外典雅，如图 9-3 所示。

图 9-3 《度母》 作者：王国清

## ◆ 9.1.3 国学类

《汉风唐韵》整体造型简约概括，因势象形，随形取意，继承严谨大气的汉风，秉承恣肆飞扬的唐韵，如图 9-4 所示。创作者旨在通过对玉文化系统历史的追寻，坚持思想精深、艺术精湛、制作精良相统一，感受故土古风，铸就时代新风。

图 9-4 《汉风唐韵》 作者：钱步辉

《庄周梦蝶》典出《庄子·齐物论》，庄周通过自问是庄周梦蝶还是蝶梦庄周，提出了人不可能确切地区分真实与虚幻和生死物化的观点。“无为”既然是最自然的生命状态和对待事物的态度，那庄周与蝶的分别就是可以忽略的，“物与我皆无尽也”，如图 9-5 所示。

### ◆ 9.1.4 反思类

《生病的地球》的原料为阿拉善玛瑙三色料，如图 9-6 所示。紫色代表生病的地球，形式上结合代表死亡的骷髅予以强化。黄色代表由于人类不当利用和无尽索取资源，地球表面沙漠化逐渐严重。绿色代表地球上的自然资源被人类转变为共享单车，又被送进“坟墓”……传达出信息——地球母亲生病了。

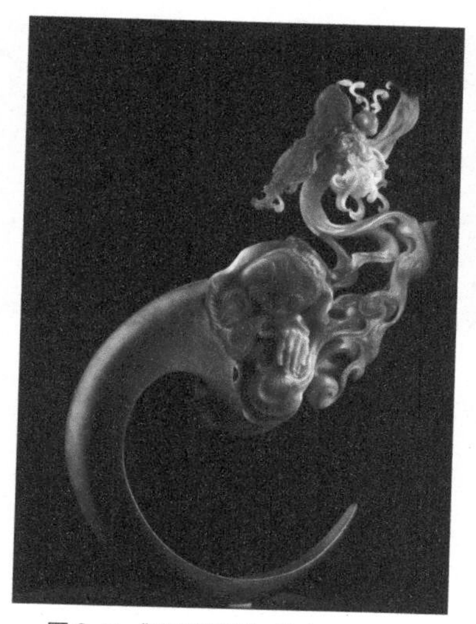

图 9-5 《庄周梦蝶》 作者：于丰也

图 9-6 《生病的地球》 作者：水德堂

任何艺术形式不与哲学思考接轨都会表现得肤浅、表面。玉雕创作者除了要注重提升技艺水平，更要注重自我修为和思想境界的提升，比如格局。如果一个人只关心自身的利益，那么这个人的格局是狭小的；如果一个人除了关心自己，还能关心周围的人，那么这个人的格局算是大的；如果一个人除了关心自己、周围的人，还能关怀世界，那么这个人的格局是宏大的。

灵感的前提是直觉，直觉透露的信息是文化底蕴，储备什么信息、研究什么文化就产生什么直觉，直觉又召唤了灵感。有了灵感，再用情感去处理对象，意在笔先，文在思后，得意而忘形，这就是艺术。

## 9.2 当代学院派玉雕作品欣赏

学院派玉雕创作者的作品有尝试性的探索，但也饱受业界的争议。他们吸收传统技艺，但又不愿被教条束缚。下面展示部分学院派玉雕作品。

《涅槃》的题材虽源于传统，其表现手法却与传统的写实手法不同。其将装置艺术引入整体造型与意境表达之中，展示了抛开种种杂念、回归生命本真的意识，给人以超强的震撼与艺术感染力，如图 9-7 所示。

《了》看似荷塘秋色，喜由心生；静思却是枯朽萧然，意境凄凉。四季轮回，沧桑流转，磨砺出几块坚硬的岩石。创作者正是依托它们来抒写自然之道痕，如图 9-8 所示。

图 9-7 《涅槃》 作者：邱启敬

图 9-8 《了》 作者：于丰也

《林》视乎冥冥，听乎无声，冥冥之中，独见晓焉。无声之中，独闻和焉，如图 9-9 所示。

图 9-9 《林》 作者：于丰也

事物有成、住、坏、空，人有生、老、病、死，大自然的规律是绝对的，而美丑是相对的。莲发之于春，开之于夏，落之于秋，眠之于冬，为何只扬唱夏盛而不愿提及冬枯？创作者试图通过《留得残荷听雨声》表达对这一问题的理解，如图 9-10 所示。

创作者在创作《十二生肖》时，思考的是如何用一种新的造型语言，通过传统的题材来突破固有的审美形式和思考模式。此作品通过硬的南红玛瑙表现出软的质感，如图 9-11 所示。

图 9-10 《留得残荷听雨声》 作者：于丰也

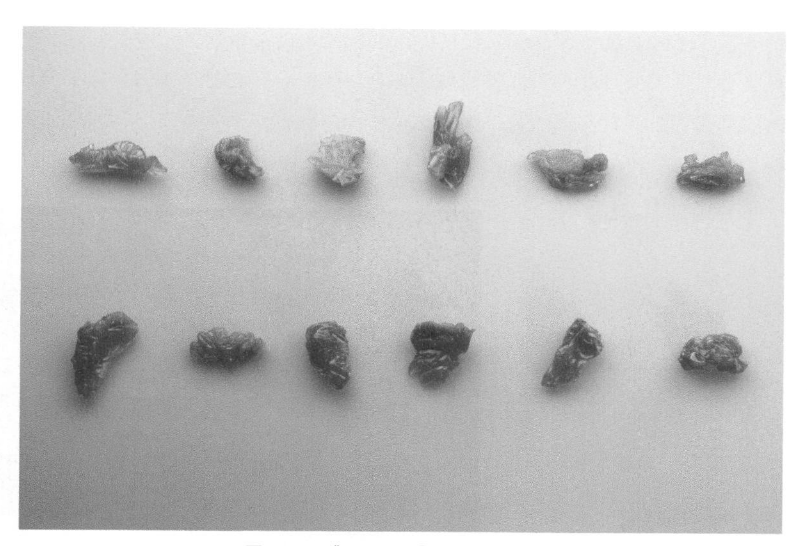

图 9-11 《十二生肖》 作者：许延平

玉是温润的，人们渴望得到它，然而创作者将它的形态改变，使其变得有攻击性，令观者产生恐惧和距离感，人与玉的关系被改变了。这是作品《触》引发的思考，如图 9-12 所示。

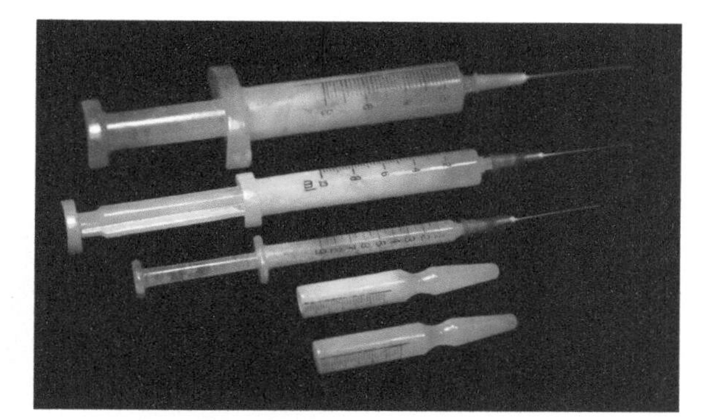

图 9-12 《触》 作者：钟灿文

《超脑》由创作者用整块蓝水种翡翠历时一年雕刻而成，上部的老冰种蓝水雕刻成网线，下部的变种白肉雕刻成大脑，如图 9-13 所示。在信息时代，人被无限多的信息包围着，慢慢地与网络融为一体。

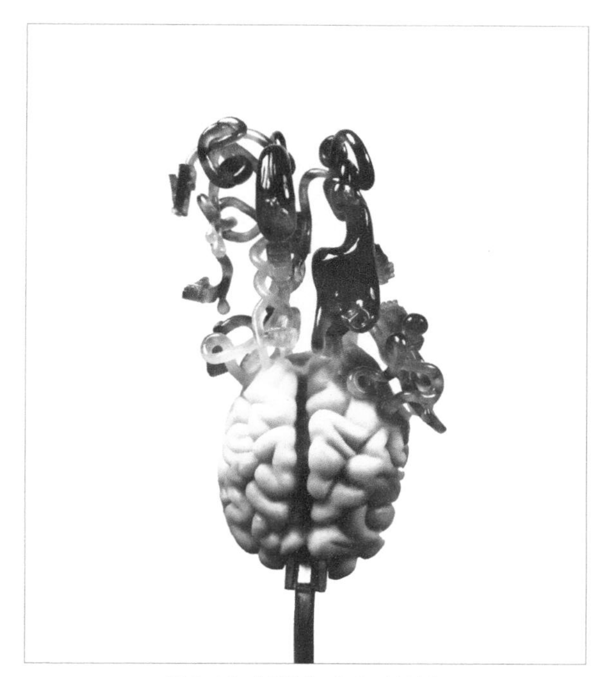

图 9-13 《超脑》 作者：钟灿文

在《进化》这一作品中，创作者把一种特定的符号和另一种特定的符号置换，引发的思考是颠覆性的，而这两种符号之间的某种联系更值得我们去思考与探求。自在的菩萨，入定的高僧，仔细看我们会发现他们的脑袋变成了网线插头，是否在网线的另一端才是彼岸呢？他们似乎入定了，似乎在思考着什么，但你无法窥探，只有插入、链接，才有可能得知真相，如图 9-14 所示。

图 9-14 《进化》 作者：钟灿文

文明在不断地进步，时代在不断地变迁，从原始时期到手工业时代，再发展到工业文明，其间经历了翻天覆地的变革，留下了辉煌的历史，让人怀念那些记忆是多么美，如图 9-15 所示。

图 9-15 《变革》 作者：钟灿文

在《追忆田园》这件作品中，创作者利用天然的南红玛瑙勾勒出层层叠叠的稻田、对比感极强的树丛、正在耕田的人，细节处均刻画得细致入微。整体场景表现了恬静悠远的田园风光，同时也表达了对自由的追求，如图 9-16 所示。

图 9-16 《追忆田园》 作者：高松峰

在《骨》这件作品中，创作者以玉石为主材、以银为辅材，结合当代艺术语言进行阐述，意在表明人不仅要有玉般温润的性格，还要有刚正、顽强的气概。《骨》如图 9-17 所示。

图 9-17 《骨》 作者：李腾

《鹤》《狗小姐》《鸟将军》3 件作品没有太多的繁杂工艺，化繁为简，表现出简单、自然、轻松的情感，呈现出给内心一方纯净天地、让生活多一些自己的味道的意境，如图 9-18 至图 9-20 所示。

图 9-18 《鹤》 作者：李腾

图 9-19 《狗小姐》 作者：李腾

图 9-20 《鸟将军》 作者：李腾

《三打白骨精》是创作者根据对《西游记》和现代写意国画的理解创作而成的。创作者以趣味性风格，用线雕和浮雕相结合的形式，在阴线上以局部立体感来呈现作品“朴”“拙”的美感，如图 9-21 所示。

图 9-21《三打白骨精》 作者：高人老师

在《生易玲珑》中，太湖石的透，犹如人的七窍通，如此，“气”方能在内部流畅地运行。清雅滋润的翡翠被雕刻成陈洪绶笔下的“石”，金丝编织物穿过石之镂空。作品灵气贯通，生成盎然的生命空间，象征着文人的思想、情操、修养及为人处世之道，如图 9-22 所示。

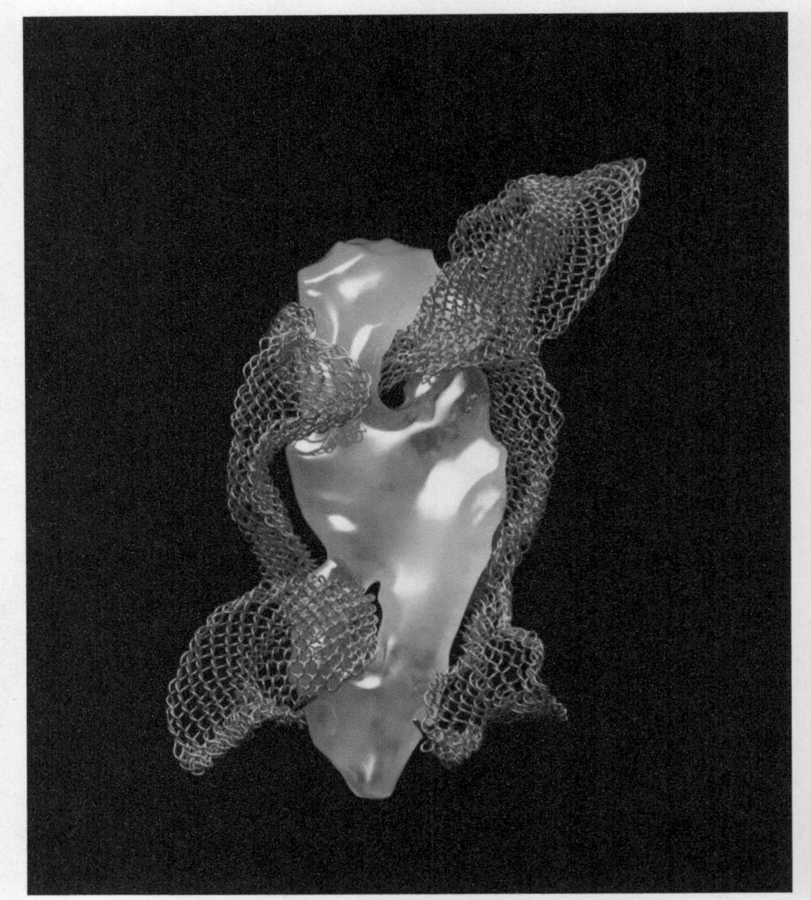

图 9-22 《生易玲珑》 作者：张凡

翡翠和透明胶带，一个是大约需要一亿年才能形成的美丽的石头，一个是现代工业生产的价格低廉的材料。一个包裹的是大约一亿年的经历，一个包裹的是那一瞬间周遭的尘土、毛发、空气。翡翠始于一块最普通的石头，它浑然不知自己在经历上亿年的风霜雨露后，有朝一日会被称为“翡翠”；而透明胶带从一开始就是透明胶带，在它短暂的生产周期和使用寿命下，它也不必精彩。从起点来说，二者没有高低，从终点来说，却不存在可比性。翡翠经历上亿年后被发现、被雕琢，它占据了人类的审美高地，会长久地存在，而透明胶带有很大的概率会在短时间内随垃圾消失得无影无踪。 就是这样两个差距如此之大的物品，在《翡翠与透明胶带》系列作品中碰撞在一起，产生的效果荒诞也好，意外也罢，但它们就是这样一起出现了，如图 9-23 和图 9-24 所示。

图 9-23 《翡翠与透明胶带》系列之一 作者：魏子欣

图 9-24 《翡翠与透明胶带》系列之二 作者：魏子欣

玉雕是以退为进的艺术，在整个雕刻过程中，只能通过削减材料去表达含义。正是这种单纯的材料和单一的工作方式成就了中国数千年的玉文化。《21 世纪玉组佩》系列从不同层面反映当代中国人的精神和品质，换言之，作品以玉喻人，玉之相，亦即人之相。

该系列作品以常见的玉器形制，如玉环、玉璜、玉玦、玉璋、玉圭、玉斧和玉璇玑等，组成属于 21 世纪的玉组佩，如图 9-25 和图 9-26 所示。

图 9-25 《21 世纪玉组佩》系列之一 作者：李安琪

图 9-26《21 世纪玉组佩》系列之二 作者：李安琪

口琀常为蝉的形态，寓意逝者可以如蝉一般蜕变重生。但在生者的世界，以蝉为造型的玉吊坠则寄托着“一鸣惊人”的心愿。在生与死的两端，人们共享着同一个符号。当一个人把图 9-27 所示的玉蝉棒棒糖放进嘴里，他会感受到死亡的冰凉，还是生存的甜蜜？

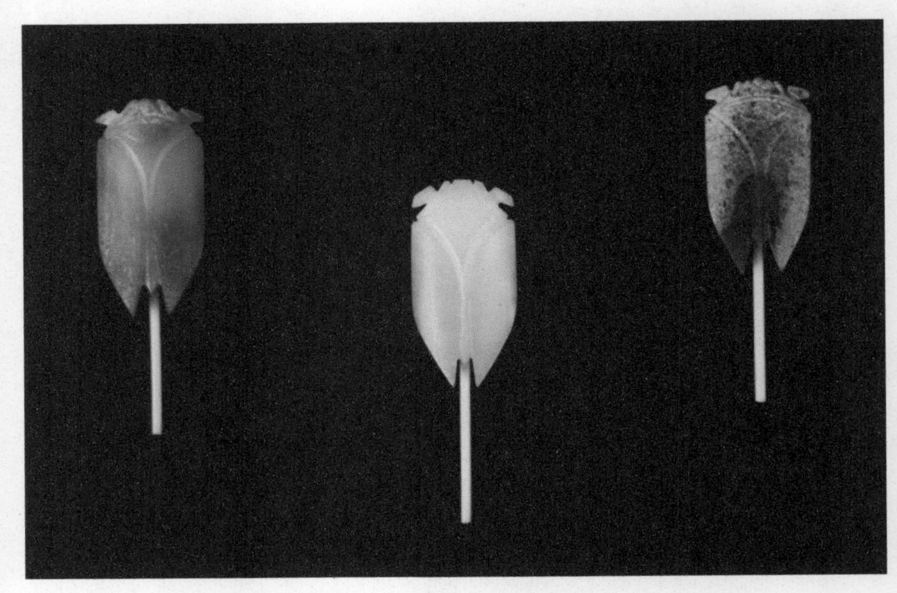

图 9-27 《一鸣惊人》 作者：李安琪

《宁为玉碎》这组作品源于创作者在进行玉消费市场调研时，发现人们在佩玉的选择上更偏向于玉饰的附加意象，如带有寓意的玉雕形象 、玉雕工艺水平的高低等。玉饰的附加意象影响了大众对玉的审美及对玉文化的理解。创作者通过“打碎”这一意象，让玉石回归简洁的形态 ，引导观者关注玉文化本身。

此外 ，作品通过可拆卸的结构赋予每一片玉佩戴性，以此来体现玉的珍贵性，如图 9-28 所示。

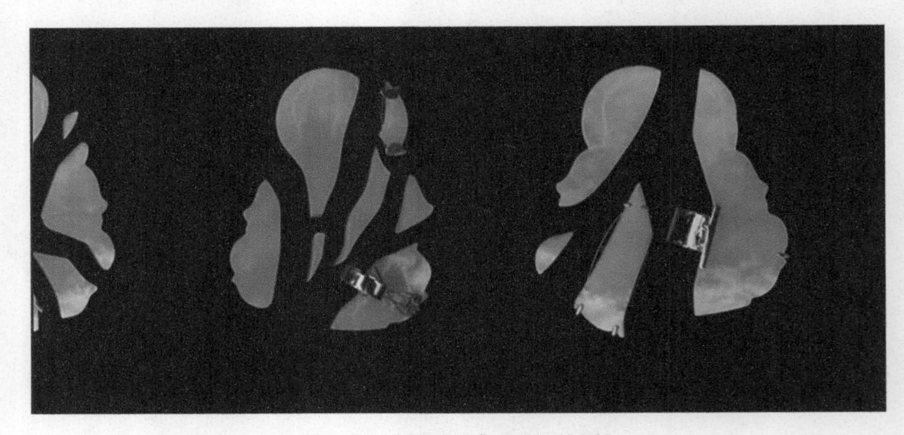

图 9-28 《宁为玉碎》作者：林易翰

“大风起兮云飞扬，威加海内兮归故乡，安得猛士兮守四方！”“大风”这一作品名取自刘邦的《大风歌》，以金银镶嵌白玉，展现简洁、抽象的曲线造型。作品以翻转变化的形体，在极小的圆形空间内表现出豪迈的英雄气概，如图 9-29 所示。

《咏梅》这件作品以创作者常用的人物形象来传达中国文化的思想意蕴，如图 9-30 所示。自古以来，中国文人寄景传情、借物达意之风传承不断，而在每一个时代、每一件作品中，这千古不变的艺术表现手法又各具特质，这就是这件作品的创作动机。在选材和用材方面，创作者使用了传统的俏色方法，但在人物、梅花与背景的关系上，却将黑皮用于人物和梅花的造型，背景衬以白玉，大胆突破传统的审美，在继承传统玉文化的基础上力图融入当代审美意蕴。

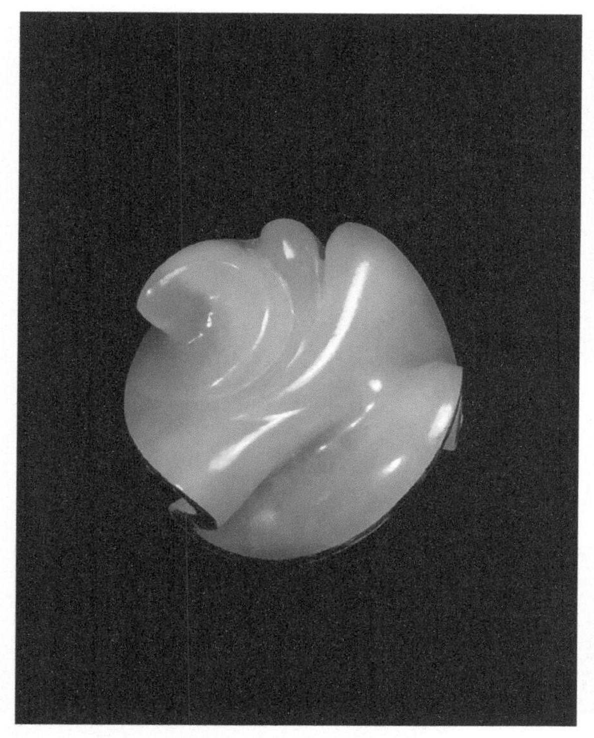

图 9-29 《大风》 作者：高伟

图 9-30 《咏梅》 作者：王少军

《抛砖引玉》系列利用超现实的构图手法，将青砖与玉石结合，玉石本体不大，但以青砖作为载体，作品的体量空间和意识维度都被放大。青砖粗糙、斑驳、简约，玉石细腻、光洁、温润，两种材质互补，共同营造出超现实的荒诞场景，如图 9-31 所示。

《永字八法之二三四五》来自对法度与结构的思考。玉石的应用，象征了中国文化以玉制作礼器的历史传统，如图 9-32 所示。创作者尝试用玉来表现笔画，寻求对书法中的法度的表现。

图 9-31 《抛砖引玉》系列 作者：刘建钊

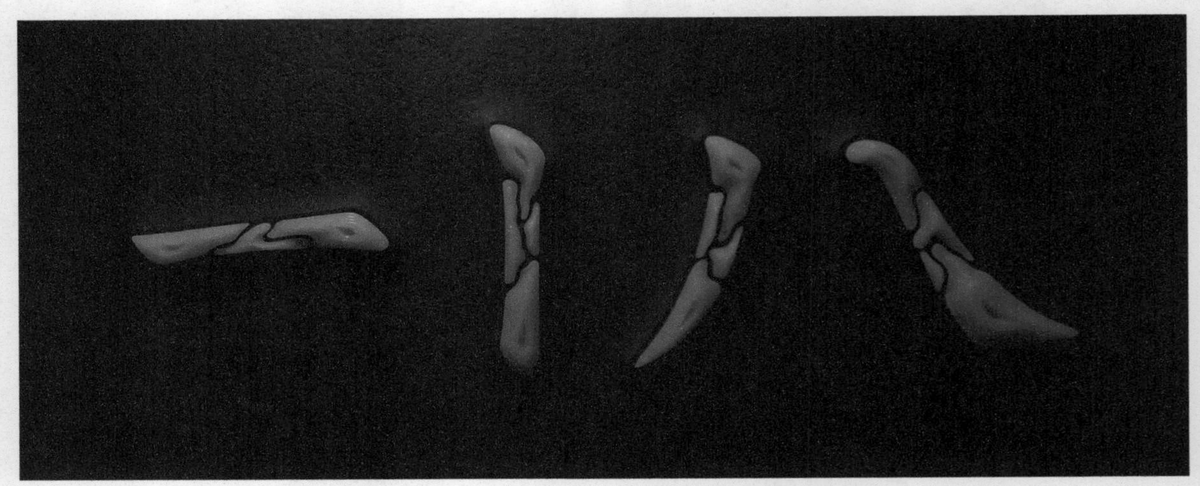

图 9-32 《永字八法之二三四五》 作者：王雪蕾

《涟漪》的创作者根据传统玉石与金属的结合形式推陈出新，融合当代造型元素，从材质的搭配和款式的设计入手，进行玉石与金属的加工实践，以托物言志的方式将设计题材引入作品之中，从而使作品更具有现代感，如图 9-33 所示。

“涟漪”是过程的延续，由水滴汇聚而成，一滴成漪，一波未平一波又起，也是在描述一个事物造成的影响渐渐扩散的情形。

图 9-33 《涟漪》 作者：尚可欣

《相由心生》的灵感来源于千手观音所执的各种法器。作品中，宝剑象征降服一切鬼怪，斩除烦恼；金刚杵象征降服魔障，摧毁怒敌；战斧象征断除一切苦难。作品置换视觉语言，保留原有物体意象，引发佩戴者对原有物象的新的理解，如图 9-34 所示。

图 9-34 《相由心生》 作者：韩欣然

创作作品是让客户满意，还是让自己满意？这个问题值得思考。从某些方面讲，作品和技术无关，或者说“德本财末”。放下一切外部因素，进入作品本身的状态里，这才是玉雕师应该保有的创作态度和要达到的意识高度。智慧越多，越应注重“德”的修行，有时，放弃部分收益，得到的反而更多。

# 9.3 关于玉石雕刻行业的思考

玉石雕刻行业的变化是一直存在的，除了对工艺的改革，还有对工艺背后承载的文化等因素的改革。玉石雕刻行业的未来，是无数玉雕师共同谱写的乐章；玉石雕刻的未来，更在于玉雕师的自我成长！每一位合格的玉雕师都是哲学家，都有独立的认知能力和很强的求知欲，都善于发掘事物的本质。对于玉石雕刻，每一位玉雕师甚至观者都在思考、探索其未来发展之路。

**行业现状**

古代没有先进的雕刻设备和工具，匠人需要有丰富的经验和高超的手艺，并将全部精力集中在工艺上。现在有了先进的雕刻设备和工具，工艺流程缩短了，智能化雕刻可以比人工雕刻更精准，玉雕作品可量化生产，成本也有所降低，这是社会进步带来的益处。但这些益处背后存在着行业准入门槛低，模仿、抄袭泛滥成灾，缺乏品牌概念，作品大多游离在工艺品和艺术品之间等问题。

**当代玉雕师需具备的品质**

对于玉雕师来说，除了要技艺纯熟、对材料有很强的把控能力外，还要关心人类的生存状态，反思社会发展中存在的矛盾，用正确的文化价值导向引导社会，摒弃唯利是图的私心，提高社会文化认知水平，推动玉文化的发展。

**对玉石雕刻未来的思考**

理想和现实是一对天然的矛盾体，艺术总是伴随着遗憾。任何一种理念都需要通过一种介质来转换传达，比如通过语言、音乐、绘画、雕塑等方式传递给受众。除了介质本身的原因外，转换途中必然存在偏差。我们如何避免这种偏差？之后要发展什么文化？这种文化应该怎样发展？这些问题都值得我们深度思考！

历史有很强的包容性，这决定了玉石雕刻的发展道路不是唯一的，而是多元化的。但是这并不代表我们不需要去探索、不需要去发现，因为在不同的道路上，我们能欣赏到不同的风景。

如果本书对您探究大千世界有所启发，那么作者也算是完成了作为引玉之砖的使命。